IKEA
BOOK

宜家创意生活②
温馨怡人的多彩空间

日本武藏出版 编著　昌昊 译

江西科学技术出版社

IKEA BOOK 目录

Good time to spend with family and friends in winter

与亲朋好友一起
共度欢乐的冬季时光

圣诞节、春节……即将到来的冬季，家里会来很多朋友吧！
在温暖的房间中与家人共度温馨时光，享受冬天独有的魅力。
怎样的房间布置才能安顿好客人与家人呢？
我们这里向7位宜家达人请教了他们各自的诀窍。

诸星女士和她的朋友们喜欢做很多料理，然后边吃边聊。有时候围着餐桌吃，有时候也随心所欲的来个"立食派对"。

选择绚丽的家具和五彩的餐具来为派对增添欢乐氛围

东京都·诸星贵子女士

橙色的墙壁、绿色的厨房……以明亮的配色给人留下深刻印象,这便是诸星女士的家。她说,在以前住的公寓里曾使用过色彩艳丽的壁纸,感觉非常舒服,从那之后便喜欢上了颜色丰富的室内设计。"我超喜爱宜家的东西,因为色彩明快,价格适中,所以收集了很多宜家产品来装点自己的家。"诸星女士收集了各种各样的餐具、地毯,依照季节变化和自己的心情更换家里的颜色,十分享受。

特别是在诸星女士的家庭派对上,最能体现宜家产品的实用性。换上鲜艳的沙发套,搭配给人沉静之感的蜡烛,调和出派对应有的颜色和气氛。如果就餐时孩子较多,餐具就选择如彩色蜡笔一样的童真颜色;在主打健康的派对上,餐具要映衬出蔬菜的新鲜美味。像这样根据客人和料理的不同选择餐具的颜色,也是诸星女士妙用宜家商品的方法之一。

厨房里用专门的容器种植着香草,诸星女士说这些香草不仅可以用到料理中,也很适于观赏。运用颜色带来的效果充实着每一刻时光,这也正是诸星女士的生活哲学。

▲很喜欢"艾克托系列"沙发的款式,而且足够宽敞。趁着宜家降价的时候买了许多沙发套,时不时换一换感觉非常好!

妙用颜色搭配与墙面装饰,设计有情调的起居室

◀把家居用品中心买到的墙纸贴在墙上作为装饰,运用黑色这种反差色让房间独具特色。

家庭资料

家庭成员:丈夫(49岁)、妻子(42岁)、儿子(14岁)
房屋类别:独立的小别墅式住宅
房龄:3年

蜡烛选用沉静的颜色，用心平衡沙发的色彩

▲冬季要在炉台下放置一个火炉状的供暖设备，用光和周围的装饰营造一种柔和的氛围。

◀炉台上选用暗色蜡烛，与色彩明快的红色沙发形成对比，搭配出完美的色彩平衡。

今天的甜点是手工制作的巧克力花生蛋糕。"巴纳系列"的餐垫与小托盘完美搭配，营造出简洁氛围。

选择相同颜色的餐具与杯子，创造一致感

▲为用餐的人选用颜色相同的餐具和杯子，就算每个人餐垫的颜色稍有不同，也可以轻松创造出餐桌上统一、和谐的气氛。深棕色的桌子可以衬托出餐具的缤纷色彩。

▼ "米欧德系列"的玻璃杯的超大容量刚好可以装下一瓶350ml的罐装饮料，使您能够一次享尽饮品的美味。

▲ 紫色的"帕纳系列"的餐垫配上绿色的"法格里克系列"马克杯，丰富的色彩描画出一场美食盛宴。

▲ "IKEA 365 + 系列"的托盘上放着手工司康饼、小松饼等各式甜点，用餐时随手取上一块，十分方便，而且仅用一个托盘就够了！

挑逗食欲、活跃气氛，彩色餐具超好用！

▶ 收藏了许多种餐垫，看心情选用。派对上各式各样的颜色和图案摆在面前，光是看着就食欲大开了！

▲ 这款沙拉碗中放着与腌制酱菜拌在一起的法式炖菜，两个碗叠起来放更为料理增添了一番情趣。

映衬美味料理，深色容器是关键

▶ 满满的一碗蔬菜加上奶油芝士，在圆形深口碗中搭配一个木勺，朴素的餐具带给人一种温暖的亲切感。

实用的厨具、丰富的色彩，组成我的快乐厨房

▲窗边种植着用于调味的薄荷、罗勒以及意大利香菜，用多种颜色的"索克尔系列"花盆让种植充满乐趣！

▲厨房就像个展示厅，让人一眼就会爱上它。绿色与橙色的大胆搭配，使整个厨房变得明快而温馨。

用标签标明各种调味料，方便整理和选择

▲常用的调味料和香辛料放在玻璃瓶里，用标签纸贴好名称，这样既美观又实用。

▼把从宜家买的这把凳子放在厨房，做饭的间隙能够坐下来休息。为了搭配厨房的色调，选择了颜色明快的绿色凳子。

▲菜谱贴在"斯邦坦系列"的磁性板上，一眼就能看到，非常方便。国外零食的包装盒和锅状小磁石在磁性板上呈现出完美的设计效果。

为不同的场合选择不一样的餐具

▲餐具、杯子可以根据心情和场合选择不同的材质和颜色，将常用的几款放在碗柜的第三层，方便取出。
▼冰箱面前的墙上装饰有喜欢的艺术家的作品，明信片用宜家的"尼特亚系列"的相框挂起来，让厨房看上去就是种享受！

▲碗柜采用大胆的无门设计，在天花板上挂上一面帘子，简洁大方，更为旁边宽敞的炉台增添了华丽感。

 实例2

鲜艳的色彩为房间增添设计感，让您和孩子都充满活力

琦玉县·gonkoto7先生

家中有三个孩子的Gonkoto7先生说，自从30多年前开始接触室内设计以来，就被宜家独具品质的设计和适中的价格所吸引，现在家里用的家具以及其他饰品几乎都是宜家的产品。

约26m²的房子中最引人注目的就是那些五颜六色的饰品了。室内以白色调为主，整体装修充满了树木纹理的自然质感，其中时尚元素的运用十分协调。椅子、书架等简单的家具都是出自宜家的设计，因此搭配非常协调。

"看着房间里五颜六色的摆设，孩子和大人都会充满活力呢！"

Gonkoto7先生的太太说，他们最喜欢的就是起居室，因为一家人在起居室里会感觉更亲近、温馨。家中有专门让孩子们画画的区域，图画书也都放在孩子们触手可及的地方，gonkoto7先生家的室内设计完全以小朋友为中心，而他们夫妻休息的地方就只有卧室。这样，一家五口就能够简单愉快地生活。

太太钟爱简洁实用的北欧式家具和饰品，她说："以后想把家具和饰品都统一成白色，并且期待添置一些名设计师的作品。"

赏心悦目的彩色小物件为房间增添色彩

▲在电视柜周围摆放些家人的照片，彩色的动物模型相框为整个房间增色不少。
▼佛利卡系列"的布料完美地遮盖了杂乱的电源线，墙纸为配合"莱克达系列"的台灯选用了绿色花纹。

▲简单的家具上摆上色彩鲜艳的饰品，让家具也变得生动起来。家具上选用了红色和橙色的"廷加系列"蜡烛。

家庭资料

家庭成员：丈夫（35岁）、妻子（34岁）、儿子（6岁）、大女儿（3岁）、小女儿（1岁）
房屋类别：精装修全新商品房
房龄：3年

▲电话座机放在外面显得过于生活化，盖上一块含流行元素的布就能很好地遮盖起来。时尚的花纹更为简单的储物架增添一抹华丽的色彩。

▲从厨房向卧室望去，简单的家具映衬出"IKEA PS马克鲁斯系列"等灯具的独特形状。

◄起居室的窗边是孩子们的专用空间，孩子们可以在这里画画和读书。白色的书桌和充满时尚感的座垫罩构成完美的色调。

充分为孩子考虑的设计

◀"阿甘系列"的儿童读书椅。旁边"贝卡姆系列"的楼梯凳作为万能家具,也能当作儿童椅。

▼简单"毕利系列"的木质书架。为了方便孩子拿东西,夫妻俩的书放在高处,孩子们的图画书和玩具放在低排的架子上。

◀放有蓝色和绿色饰品的"毕利系列"储物架。文件都整齐地收纳在抽屉和文件盒内。

用生动的色彩装点您的派对

东京都·新知春女士

　　一走进新女士的起居室，首先映入眼帘的便是华丽的绿色调。新女士喜欢在家开派对，招待母亲的朋友或丈夫的合作伙伴。而招待孩子们的时候，餐桌上常会用到宜家的产品。"塑料餐具真的很好用，宜家的餐具最大的魅力就是设计合理，孩子们用起来很方便。"色彩鲜明的台布可以衬托出料理的美味，通过这些细小的布置很容易就能营造出愉悦的气氛。

　　新女士的家给人一种时尚的现代感。她说自己曾试过许多种风格的室内设计，比如在房间内融合亚洲传统文化元素、采用酒店式设计等等，"尝试得太多，家里简直就成了全球风格大杂烩（笑）。不过我也一直很喜欢宜家室内装饰的简单与协调。"按照宜家的风格选择家具，营造出统一协调的感觉，同时用色彩丰富、设计精巧的饰品随意装点，就能成功布置出一个轻松愉快的居家空间。这种室内布局使得每一个参加派对的人都能在欢笑中尽情畅谈，看得出女主人在设计上花了很多心思。

▲台布的图案是由数字"2"拼接成的心形，鲜艳的红色使派对的餐桌华丽诱人。

▼"帕纳系列"的餐垫上放着饮料和杯子，晶莹剔透的杯子立刻就成了众人瞩目的焦点。

▼"卡拉斯系列"的儿童餐具和大人用的"IKEA 365＋系列"的托盘已在桌上准备就绪。独立包装的点心既方便孩子们食用，也可以当作礼物馈赠给亲友。

◀在桌子中央摆放上蜡烛，可以巧妙地迎合派对的氛围，不论人数多少都会显得非常热闹。一闪一闪摇曳着的烛光将派对场景映照得热闹非凡！

▼孩子的这幅画像是请一位插画家画的。起居室里还有许多让人忍不住想问"这是什么"的装饰品！

▲在室内装饰商店买的鹿头壁挂，从起居室最里面的墙壁上俯瞰餐桌。这个壁挂成为了新女士家起居室的一大特色。

▲起居室的白色墙壁上映衬着鲜艳明亮的色彩，茁壮生长的室内植物给人以水润之感。

▲ "毕利系列"诞生30周年时推出的限量版书架，新女士当时就买了下来。在上面装上"莫莱宝系列"的玻璃门，现在用作大型收纳箱。

▲ 偶尔会用到的东西要集中放好，比如杂志架里放着传单和孩子学业的相关文件，杂志架下面的盒子里放些常备药品以及针线盒等等。

▲ 客人多到餐厅坐不下的时候，新女士会把起居室内的沙发巧妙地利用起来。客人可以坐在沙发上，沙发旁边的台子还可以当作茶几。

▲ 在沙发扶手旁的台子以及墙壁上安装的隔板都是由一位设计师朋友帮忙做的，上面放上五颜六色的装饰品，一个欢快明朗的空间就布置完成了。

派对入口也欢乐

▲ 这块白板也是宜家的产品，写上信息、贴上卡片，它就成了活跃气氛的一个小道具。

▶ 起居室的入口也要五彩缤纷。天花板是个容易被冷落的地方，在天花板附近吊上室内装饰用的金属片，搭配出一些图形或图像，这样就能让客人一进门就有个好心情。

家庭资料

家庭成员：丈夫（37岁）、妻子（37岁）、大儿子（7岁）、小儿子（3岁）

房屋类别：独立的小别墅式住宅

房龄：7年

在餐具上花些心思，办一场热闹的茶话会

神奈川县·丸山真由美女士

丸山女士曾陪老公出差在德国住过一段时间，那段时间让她真切体会到了招待朋友的学问。回到日本后她考取了餐桌装饰设计师的资格证书，从此便开始享受在家招待朋友、组织派对的乐趣。

丸山女士招待客人时最重视的是"不让客人有任何担心和尴尬"。"如果见到主人忙前忙后地招待自己，客人自己也会觉得不舒服吧。那样的话好不容易营造起来的轻松气氛就白费了。"宜家的产品设计简约、价格实惠，并且与饭菜或其他餐具也容易搭配，再加上产品本身又非常实用，用在轻松愉快的派对上真是再合适不过了！

"百搭的盘子很好用哦！和玻璃、木头餐具等质地简单的餐具搭配起来，简简单单就能营造出情调。放在玻璃盘子上叠起来使用，中间再夹上片新鲜的树叶，强烈的季节感一下子就出来了，感觉很棒呢！"

宜家的家具在空间设计上也起了很大作用。餐厅用浅褐色家具，起居室用深棕色家具，运用同一色调中两种不同颜色的家具，既能将两个空间区分开来，同时也能体现一种统一感，让人在餐厅和起居室中享受不一样的心情。这样一来，主人运用空间设计和家具选择的技巧，为亲朋好友们提供了一段充满幸福感的下午茶时光。

◀派对时最大的快乐就是能和朋友们尽情畅谈。在桌子上摆上一壶茶，朋友们可以随意用这精致的茶壶为自己加茶。

▼盘子里放上叶形杯垫，再摆上"廷加系列"的茶蜡。迎客时献上这样一片安静的烛光，会让客人感到温暖而平和。

▼盘子的搭配创意还有一种，即盘子里放上折好的餐巾纸，把刀叉等餐具夹进餐巾纸里，盘子旁边再配上蜡烛，这样装饰起来效果也很棒！

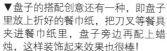

两个盘子叠起来，既好看又使用

▼两只盘子叠起来摆放，还方便客人在享用美食的过程中更换盘子。把质地和颜色不同的盘子叠在一起，更是别有一番趣味呢！

▲下面是特别留有刷痕的陶瓷平碟，上面是"欧朋系列"的玻璃平碟，中间夹上树叶，再把装有栎树果实的小盅放在碟子中央，季节的味道扑面而来！

▲电视柜选择了宜家的开放式设计，这样不会给人带来封闭的压迫感。这台电视柜是特别定做的，设计时去掉了底部的滑轮，换成了支架。

▲篮子里插入"范塔思系列"的餐巾纸，放在吧台上方便于客人取用，这样的布置看似随意却很贴心。

▶在宜家的高脚杯里铺上装饰用的玻璃珠，再插上一根蜡烛，用高度体现一种搭配上的平衡。

▲起居室的咖啡桌上也放着点心，这样使客人能够随心所欲地坐在沙发上放松心情。

▼一只玻璃杯里放着"塞多利克系列"的勺子，另一只里放着方糖，方便客人随意取用。

家庭资料

家庭成员：丈夫（40岁）、妻子（37岁）、女儿（10岁）

房屋类别：精装修全新商品房

房龄：7年

起居室里，深棕色的"塞特尔系列"沙发和"克林斯伯系列"的咖啡桌给人一种大气的感觉，墙壁上的镜子和相框又体现了一种艺术感。

色彩运用和餐桌布置，营造安定
平和的环境

餐厅里，为宜家的餐桌搭配了"南
多系列"的餐椅，灯具采用木质的
吊灯，给人以柔和的感觉。

在开放式的起居室和餐厅里，竹村一家人其乐融融。"艾克托系列"的沙发上罩着的是床罩，这样换洗起来比较方便。

在蓝白相间的小套间里与孩子共度温馨假日

千叶县·竹村聪先生

有了第二个孩子之后，竹村先生一家便开始改造旧物。因为非常喜欢宜家产品在设计和性能上的平衡，所以家中的一体式厨房以及其他大部分家具都购自宜家。之前住户留下的桦木家具摆在了厨房吧台旁边，使得吧台和地板在明快的色调中协调统一。而且，为了搭配厨房壁砖的颜色，将起居室的一部分墙壁涂成了浅蓝色。白木的质感加上蓝白相间的墙壁，营造出北欧式的柔和气氛。

休息日里，竹村先生会在起居室里陪两个小孩玩耍。这时，陪他们共享天伦之乐的正是宜家的毛绒玩具。宜家的玩具熊是凛生小朋友的最爱。

家中经常有朋友来做客，岳父岳母家的亲戚也常来。人多的时候，宜家的加长版餐桌就派上了用场。"平时餐桌上尽量不摆什么东西，这样让人感觉比较清爽！"竹村先生很注重休息的空间里的随意性，因此设计了开放式的起居室和餐厅，使大家在轻松的气氛中欢声笑语不断。

▼ "舒法特系列"的儿童储物柜在用作电视柜的同时，也用来收纳孩子们的玩具。几个"卡赛特系列"的附盖DVD盒摆放在一起，显得非常整洁。

▲用自然材质的家具收纳整理杂物，"诺来柏系列"的实木储物架上放着"布拉奈斯系列"的储物篮、"马基斯系列"的杂物收纳盒等，绿色的"卡赛特系列"储物盒以及黄色的"斯特里特系列"置物盒形成对比色效果，十分醒目。

▲凛生小朋友最爱的青蛙造型的"玛塔系列"儿童餐具，桦木餐桌上映衬着它们鲜艳的颜色。

家庭资料

家庭成员：丈夫（34岁）、妻子（32岁）、大儿子（2岁）、小儿子（0岁）
房屋类别：二手公寓
房龄：14年（竹村家居住1年）

▲精致的树叶图案的"斯德哥尔摩系列"的窗帘。单一的树叶图案完美配合了餐厅内的设计，为餐厅增添了大自然的感觉。

北欧式的餐厅中，桦木质感是关键

▲客人多的时候餐桌可以打开使用。"泰耶系列"的折叠椅也很实用，不用的时候可以折叠起来节省空间。

▼ "诺米拉系列"的餐椅拥有白色椅背和椅座的完美组合，椅子腿的部分与餐桌同为桦木材质，整体感十足。

▲餐桌是加长型的"诺顿系列"，平时一家人用餐时，会把餐桌折叠成全长的一半。五颜六色的"福莱雅 兰多系列"地毯，为餐厅增添了一份色彩。

▼ "贝卡姆系列"的楼梯凳采用了与餐厅墙壁相同的涂料，与整个餐厅形成统一感，与下面的"塞恩系列"的椅垫形成颜色反差。

▲重新设计装修的一体式厨房，橱柜使用的是"法克图系列"，橱柜门全部选用"丽丁格 怀特系列"，墙壁还贴上了蓝色的壁砖。

▲ "格兰代系列"的壁架使用S形挂钩悬挂起来，非常方便。将常用的厨具挂在上面，用的时候可以随手拿取使用。

起居室的中央摆着颜色和大小都很钟意的地毯，显得非常和谐。地毯很厚，直接坐上去也很舒服。

 实例6 五颜六色的室内布置，打造舒适的起居室

群马县·中川裕美女士

中川女士的婚后新居里使用的全部都是宜家的家具和饰品，她说宜家的东西色彩丰富，质量好且耐用，所以非常喜欢。

客厅、餐厅一体的空间里，一张五颜六色的"乌尔多姆系列"的地毯最为抢眼。"因为孩子还小，所以想用各种各样的颜色营造出一个快乐的生活空间。"沙发上的靠垫、餐厅里的椅子、墙上挂的相框、收纳用的盒子等等，家里的物品全都配合这块地毯的色调选择了不同的色彩。

女主人很喜欢坐在地毯上和孩子一起玩玩具，或是干脆舒舒服服地躺在地毯上。考虑到孩子的安全，她还特别选择了边缘平滑的家具以及简洁的室内布局，尽量不把杂物放在外面。

中川家经常会来客人，比如女主人的朋友来家里喝茶、男主人的朋友来家里办酒会等等，夫妻俩也喜欢同周围邻居来往。这块五颜六色的地毯能够为起居室营造一种明快的气氛，使人感到十分惬意。

31

用孩子喜爱的缤纷色彩整合您的室内空间

▼餐厅的一角向我们展示了一家人的温馨合影，有的照片贴在"朗斯系列"的小黑板上，有的放在相框里随意排列后挂在墙上，一种幸福感在其中。

▲餐椅为配合地毯的五彩斑斓，选用了"托比亚斯系列"中的3种颜色。时尚的外形与玻璃台面的桌子搭配真是再合适不过了！

▼电视柜是"贝诺系列"的产品。收纳盒的颜色也非常时尚，里面整齐地放置着不断增多的杂志、游戏盘等杂物。

家庭资料

家庭成员：丈夫（30岁）、妻子（30岁）、儿子（1岁）

房屋类别：独立的小别墅式住宅

房龄：1年

▲为搭配黑色皮革沙发，电视柜也选用了黑色。厚重的色调给五颜六色的空间增添了几分安定的感觉。

家里的露台、起居室、餐厅和厨房都是开放式的空间。黄绿色和白色协调一致的空间里，地毯上鲜艳的条纹与周围形成鲜明的对比效果。

 实例7 为了创造一个舒适的空间，将色彩进行到底

东京都·岩田佳奈子女士

岩田女士用自己最爱的颜色把客厅、餐厅一体的空间搭配得非常协调。"超爱宜家的产品，因为有很多我最喜欢的黄绿色，而且设计简单，用起来方便。"正如岩田女士自己所说，她的家从枕套布料到各种饰品，到处都跳跃着明亮的黄绿色。

映衬出这些黄绿色物品的，正是搭配巧妙的白色饰品：黄绿色桌布配上白色的餐具；白色的椅背上随意挂上黄绿色的环保袋……无懈可击的色彩运用都是源自岩田女士的精心设计。

色泽鲜明的多色条纹地毯"思托里布系列"与空间内的其他色彩形成反差，岩田女士选择这条地毯是"希望以此培养孩子在色彩搭配上的品位"。正因为空间内的其他物品都保持了色调上的统一，才使得这种个性鲜明的饰品能与整体的设计巧妙地吻合。

岩田女士的家里最多同时招待过4家人。大家在餐厅喝茶，在起居室里聊天，在这五彩缤纷的空间中尽情享受畅谈的乐趣！

▲纯白的椅子上放上宜家的布料织物，体现出巧妙的对比色彩。椅背上挂着朋友送的环保袋，成为室内设计的又一点睛之笔。

▼白色的餐桌上铺着圆形的"巴纳系列"的餐垫，让人眼前一亮。为搭配餐垫的颜色，餐具全部使用白色。

▼黄绿色与白色搭配的布料织品"玛丽系列"悬挂起来，把开放式厨房与餐厅这两个空间区别开，既美观又实用。

▲岩田女士被绿白相间的配色吸引，买下了宜家的墙花。本打算贴在起居室的墙壁上，现在用在玻璃上也很有感觉，从外面看时，房间多了种若隐若现的意境。

▲餐桌是"IKEA PS 卡尔约翰系列"。玻璃珠垫上的烛台用来放植物或除臭剂。

家庭资料

家庭成员：丈夫（43岁）、妻子（45岁）、儿子（13岁）、女儿（8岁）
房屋类别：精装修商品房
房龄：8年

沙发是家人放松休息的地方，所以沙发前的空间非常宽敞，一家人可以在这里和爱犬尽情嬉戏。

Table coordinate

让餐桌布置充满欢乐

圣诞节、生日会……朋友聚会的时光里，
就让宜家产品的奇妙组合，帮您的餐桌品味加分吧！

 您不可不知的事
步骤1 餐桌布置的基本知识，让您的摆放更轻松！

❶决定好派对主题、参加人数

首先不妨明确一下，自己想开一个什么风格的派对？作为东道主都需要做哪些事？整理好思路后，要摆上餐桌的物品也就自然而然地浮现在脑中了。

主题	大家为了什么聚在一起？是生日会、庆功宴还是每一季的例行活动？	**参加者**	来参加的是直系亲属？还是远房亲戚？是工作上的伙伴？还是生活中的朋友？
时间、地点	在哪个季节聚会？用日式传统房间还是西洋现代房间？在餐厅还是起居室？	**菜谱**	运用当季的食材，参考派对的人数和主题决定用料多少以及装盘方式。
餐具	餐具的材质和设计要与菜品和用餐环境搭配得恰到好处。	**装饰**	布料织物、鲜花、蜡烛……用配饰把空间布置和料理设计结合起来。
效果、风格	整个餐桌布置要体现出一定的品位。		

❷彩色布局是第一要诀

如果想不费工夫就改变餐桌氛围，宜家的布料织物绝对是帮您达成愿望的首选！我们考虑到织物与其他饰品的呼应配合，精心为您设计了多种风格的布料织物。

Natural ［自然］

尽显面料的质感，给人柔软的感觉。
上 "贝卢塔鲁塔系列"。
下 "艾纳系列"。

植物花纹、白底餐具，再配上木质饰品，柔的气氛运而生。搭配秘诀——素雅的用色！

Modern ［现代］

条纹与深色花纹，时尚感一触即发！
上 "贝卢塔朗多系列"。
下 "斯德哥尔摩 布拉德系列"。

以单色调与黑色系的餐具和金属杯，铸成一股锋锐之气。条纹餐巾纸更起到画龙点睛的作用。

Elegant ［优雅］

碎花图案与红粉色调的搭配，给人温暖的感觉。
上 "贝卢塔 鲁塔系列"。
下 "艾纳系列"。

碎花图案和蕾丝边的餐巾，散发出甜美的幸福感，配上鲜花后更显浪漫。叠放的盘子则应选用相对中庸的颜色。

Casual ［休闲］

布料织物的主体由五彩的图案或三原色构成。
上 "思桑纳系列"。
下 "索菲亚系列"。

反复使用大胆的花纹，重叠叠加鲜艳的色彩。盘子则选用玻璃材质，这样一来，布料织物的图案就立刻突显了出来。

❸来了解一下上菜的基本知识吧

布置餐桌的过程是尽情享受自由创意的快乐过程，但餐具与菜品搭配的基本知识是必须掌握的。这样，就算是那些正式宴会的场合也不会难倒您了！

【日式】
Japanese style

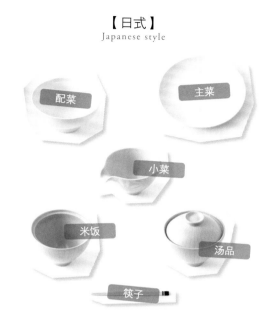

配菜　主菜　小菜　米饭　汤品　筷子

注意米饭与汤品的位置不要摆错哦！
上菜方法在此仅举一例，不同的地区、不同的文化也会有不一样的上菜方法。

【西式】
Western style

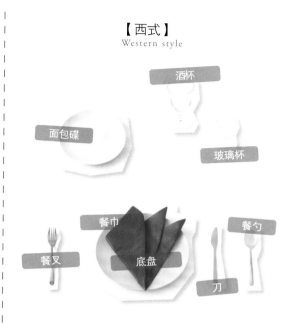

酒杯　面包碟　玻璃杯　餐巾　餐勺　餐叉　底盘　刀

要根据菜品的数量在底盘两侧摆放餐叉和餐勺。另外，餐巾的妥善摆放也能为整个餐桌的布局增色不少呢！
※上菜方法在此仅举一例，不同的地区、不同的文化也会有不一样的上菜方法。

❹餐桌布置的3条锦囊

"享受"	轻松享受在家招待客人的过程吧！只要按照基本礼仪进行操作，后面的就剩下与客人共享欢乐时光了！
"易食"	切记不要在餐桌布置上耗费掉太多的精力！别忘了一个清洁的用餐环境和吃起来不麻烦的食物也很重要喔！
"周到"	空间设计和餐具准备并不是餐桌布置的全部哦！用餐的时间和料理的分量等问题都是作为主人应该考虑的呦！

让大餐盘
走进您的派对吧

人数多也好少也好，只要能开心就可以了，所以不要拘泥于形式，把菜放到大盘子里试试吧！这样，分菜的过程也能引出不少话题哦！用大餐盘营造家庭聚会的温馨氛围吧！

"多利布萨姆系列"的餐盘，直径32cm。

"IKEA 365＋系列"的餐盘，
31cm×26cm。

步骤 2 ## 改变一些理念
稍作改动，餐桌上便会呈现出惊人的变化，不妨试试吧！

❶运用玻璃碟或不同颜色的盘子叠加，赋予餐桌不同的形式

简单的盘子上叠上一张透明的玻璃碟，您的餐桌就会变得充满童趣。两个盘子之间可以再轻轻夹上一张漂亮的餐巾纸，或是简单地放上几片充满季节感的树叶。这样一来，客人在等待上菜的过程中也能尽情欣赏餐桌上的视觉盛宴。怎么样，这个创意不错吧？

各式各样的盘子
左 下面是"代诺拉系列"的盘子，直径32cm，米黄色；上面是"欧朋系列"的小菜碟，直径23cm。
右 下面是"代诺拉系列"的盘子，直径32cm，棕色；上面是"IKEA 365＋系列"的小菜碟，25cm×25cm，淡淡的青绿色。

❸蜡烛也能让桌子变得"有表情"

感觉桌上少了点什么东西，这时蜡烛就要登场了！不论是浓重的单色蜡烛，还是鲜艳的五彩蜡烛，选一个放在桌上，您的桌子就立刻充满了"个性"。用熏香蜡烛的话，建议不要选择香味过浓的哦！不然香喷喷的饭菜就要被淹没在蜡烛的味道里了。

"夫洛拉 费恩系列"的蜡烛，附带玻璃容器，直径7cm、高9cm。

❷餐巾纸或餐垫，轻松演绎华丽

宜家为您准备了各种颜色的餐巾纸，只需轻轻放在盘子里就能彰显出个性。铺一张餐垫，把桌子的空间划分开，效果非常明显。

左 各种样式的餐巾纸。"范塔思系列"（左3张），40cm×40cm，50张／包；"弗雷多立格系列"，33cm×33cm，50张／包；"普利库提格系列"，38cm×38cm，30张／包。
右 "奥坦里格系列"的餐垫，32cm×45cm。

❹想要轻松呈现季节感吗？试着在桌上摆束花吧

哪里有花，哪里就能看到季节的表情。花的高度最好是正对着人的脸，即坐下来的时候，花刚好对着下巴的地方，一定要记住哦！至于花的颜色，自然是要配合空间的整体设计啦。

"普罗米格系列"的花瓶（右），高12cm。

❺把买来的食物快速摆盘来招待客人

如果家里突然来了客人，或是忙得来不及准备食物，直接拿出买来的成品食物也没问题哦！在充满设计感的餐盘里，这些成品食物和亲手做的一样，也能让您的餐桌完成华丽大变身！

左 "IKEA 365＋系列"的托盘，3层，31cm×27cm×34cm。
右 法格里克 乔思克系列"的小碗，直径11cm、高5cm，共4个。

用长方形桌巾突出餐桌的中间部分

用长方形桌巾的颜色和图案巧妙地配合餐桌的设计，整个布局就有了亮点，桌面的色彩和质感也得以完美展现。这样的设计，足以让人沉醉其中！

❻用布料变换整体效果，拥有一张永远都看不腻的餐桌

桌布的单独使用

一张桌布改变整张餐桌

把桌布铺在整张桌子上，就能通过空间内一个面的变化改变整体的氛围，所以一定要选择适合当下场合的颜色和图案哦！一整张布料铺在桌子上，既可以避开布角的瑕疵，又能对餐桌形成保护。

桌布＋桌巾

布料重叠使用，让餐桌的表情更加丰富

有图案的桌布搭配素色的桌巾或素色的桌布中央铺上素色的桌巾……把桌布和桌巾重叠起来的设计，和各自单独使用比起来多了一分庄重的感觉，为餐厅增添一种华丽的效果。

"法格里克系列"的小菜碟，直径27cm；深底碟，直径24cm；"博克尔系列"的玻璃杯，6只／套，高8cm，容量150ml；"马里特系列"的桌巾35cm×130cm；"安奈丽系列"的布料。

Table coordinate

Item catalogue

想要装点您的餐桌吗?
到宜家找找吧
这些饰品可能会帮您解决

以下便是餐桌布置中必不可少的热门饰品。实体店里还有更多精致的品种等着您,一定要去看看哦!

微波般缓缓荡漾的边缘,赋予整个盘子一种优雅而高贵的品位。"阿尔弗系列"的盘子,直径28cm。

碗是用纯桦木制作的,散发出一种简单温和的气息。"布朗达 马特系列"的上菜碗,直径12cm、高6cm。

这款绘有花朵图案的容器质地轻巧、形状简单,摞在一起收纳非常方便。"法格里克 乔思克系列"的碗具,直径14cm、高6cm,2只/套。

品位高雅的小花图案。"奥米歇系列"的茶壶,高16cm,容量17lml;茶杯与杯托,直径20cm、高6cm。

侧面的设计非常独特,吹制玻璃透着一种别样的自然质感。"IKEA PS 雪拉系列"的杯子,高9cm,容量210ml,3只装。

平滑的边缘、圆圆的形状很可爱。鲜艳的颜色会让餐桌瞬间明亮起来。"乔思克系列"的公勺套装,3只/套。

40

这款杯子拥有明亮的绿色线条以及鲜艳的杯内颜色，同时便于收纳，一点都不占地方。"布里格系列"的马克杯，高9.5cm，容量250ml。

这套餐具包括叉子、刀、餐勺、茶匙各6把，通透的质地感觉很有型。"迪特系列"的餐具，24把／套。

玻璃盘子这种万能饰品，适合摆在所有主题的餐桌。"欧朋系列"的盘子，直径23cm。

这款碗的内部绘有图案，能够巧妙地衬托出碗内的食物。"辛兹 康斯特系列"的碗具，2只／套。一只直径14cm、高4cm，一只直径12cm、高5cm。

糅合了某种单纯气质的碗，很适合用于日本料理。"加福桑系列"的餐盘，直径32cm、高10cm。

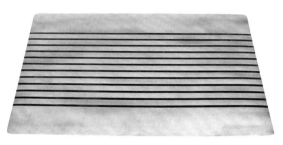

不锈钢的质感为餐桌增添了一种酷酷的感觉。"库贝尔托系列"的餐垫，37cm×37cm。

屡试不爽的餐厅家具选择法

餐厅是一家人用餐、畅谈的地方，也是主人款待客人的重要场所。因此，餐桌、餐椅一定要选择实用，并且能与整个餐厅布局搭配起来的款式。要从成千上万款家具中找到钟意的一款真不是一件简单的事。首先您要掌握一些关于餐厅家具的基本常识，然后才能找到属于自己的那一款哦！

餐桌按形状该如何区分？都会用到什么材料呢？

每个家庭的成员数量不同，餐桌的用途也不同，因此每个家庭对于"实用的餐桌"都有着各自的定义。搬家或家庭成员增加的时候，很可能需要换一张新的餐桌。这时，如果您对餐桌形状和用料有所了解，那么选择起来就会轻松许多。

形状

桌面的形状大致分为两种，各有优点，下面就让我们来比较一下。

[圆形]

圆形的桌子没有棱角，所以如果家里孩子还小的话，选择圆形桌面会更安全。同时，圆形桌面也会成为空间设计的一处亮点。不过这种形状比较占地方，四周一定要宽敞。

[四边形]

正方形、长方形等四边形的桌子可以贴着墙壁摆放，节省空间。同时，直线的轮廓也能把空间自然地区分开。

桌腿

桌腿主要分为3类，并且需要分别搭配不同类型的椅子。另外，无腿的壁桌也很实用。

[壁桌]

不用的时候可以折叠起来以节省空间。如果要当作餐桌用，建议您把安装高度定在74cm以上。

[独脚桌]

这种桌子在用餐人数增加时方便增加座位，但要注意的是，因为桌子的重量全部集中于一点，所以要防止桌子失去平衡。

[双腿桌]

桌腿不设在桌角下面，方便就座的人进出。在它附近移动椅子也不会遇到什么障碍。

[四腿桌]

这种桌子最大的特点是稳当，同时桌子腿也不会妨碍围桌坐的人。另外，这种桌子也方便加座。

延伸性

人数增加的时候，如果有一张可加长的桌子就再方便不过了。桌子的延伸性需要我们根据时间、地点、场合来进行合理地利用。

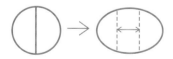

把桌面向两侧拉开，将中间藏着的伸长板展开就行了。还有一种折叠桌，要加长的时候只需要把左右两边的板子拉出来就可以了。

桌面

宜家的餐桌桌面主要有4种材料，您可以根据自家的室内设计风格，选择您喜欢的质感。

[玻璃]

毫无压迫感的玻璃桌面，完美呈现了当下流行的空间设计理念。不过就算是强化玻璃也有可能碎裂，因此使用和搬运的时候还是要小心。

[实木]

实木家具直接由桦木、松木等天然木材加工而成。您可以细细品味木材中纪录的漫长岁月。桌面是无拼接的一整块木板，漂亮的纹理非常吸引人。

[亚克力板]

把一种表面涂了亚克力的木板用作桌面，这样的桌面抗压力强、不易划伤，但是如果长时间将很烫的东西放在上面，涂料也有可能融化。

[薄片]

将天然木材裁成薄片贴在胶合板上，然后在表面盖上一层涂料。这种桌面保留了美丽的树木纹理，同时比实木家具轻，方便移动。

确定周围的空间

了解了餐桌分类之后，您就可以入手自己喜欢的款式啦！购买前要先想清楚：平时几个人用？这个大小适不适合摆在屋子里？

根据人数选择餐桌大小

每个人用餐时需要的空间大小约是80cm×40cm，请根据人数选择适合您家的桌子吧！

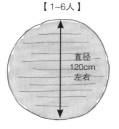

【1~6人】 直径120cm左右

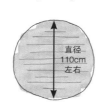

【1~4人】 直径110cm左右

为了让桌上每个人都能拥有足够的空间，我们的圆形餐桌特别采用了大直径设计。

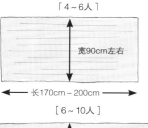

[4~6人] 宽90cm左右 长170cm~200cm

[6~10人] 宽90cm 长200cm~260cm

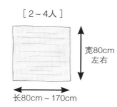

[2~4人] 宽80cm左右 长80cm~170cm

四边形餐桌起码需要80cm~90cm的宽度，人数越多，长度就要越长。另外还可以选择可加长的餐桌，只在需要的时候展开，平时可以节省空间。

餐桌与周围家具的距离

如果餐桌附近有柜子、碗橱等家具，也不要忘了把打开柜门、碗橱门取物品的空间考虑在内哦！

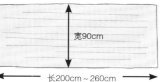

80cm　　　60cm~90cm

要在桌子周围放置收纳家具时，为了方便通过，从拉开的椅子到墙面或家具的距离至少要留出80cm。

四周要留出足够的空间

餐桌旁不仅要有坐下来的空间，更要为上菜、取餐具留出足够的空间哦！

[如果选择直径120cm的圆桌]
每个人需要的最小用餐距离

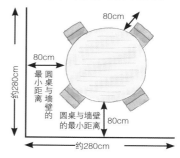

80cm
80cm
约280cm 圆桌与墙壁的最小距离
圆桌与墙壁的最小距离 80cm
约280cm

圆桌周围一定要有80cm的空间。圆桌的整个使用空间要达到圆桌大小的2倍以上。

[如果选择80cm×160cm的四角餐桌]
每个人需要的最小用餐距离

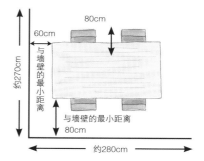

80cm
60cm
约270cm 与墙壁的最小距离
与墙壁的最小距离 80cm
约280cm

用餐者落座和离席都需要把椅子拉出来，所以每个人至少要留出80cm的活动空间。不用的一侧为了便于走动，也要留出至少60cm的空间。

搭配椅子与餐桌的高度

宜家的餐椅标准规格为40~43cm，餐桌未准规格为74~75cm。

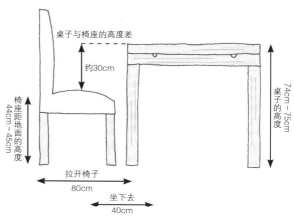

桌子与椅座的高度差
约30cm
椅座距地面的高度 44cm~45cm
74cm~75cm 桌子的高度
拉开椅子 80cm
坐下去 40cm

桌面与椅座的理想高度差是30cm左右。宜家的餐桌和餐椅会比普通的桌椅高大约5cm，搭配的时候要注意哦。

哪种最适合您的家庭?
精心为您推荐10种款式

我们从宜家诸多产品中精选出了10个款式,不同的材质、不同的颜色为您带来10种不同的感觉。其中许多都是可加长版,方便您有效地使用室内空间。从下面介绍的商品中选出一种您的最爱吧!

 ……多色可选　……加长版设计

这款餐桌的设计会让人不禁联想到惬意的咖啡时光。桌面涂有三聚氰胺涂料,耐热、不易划伤。
"比尔斯塔系列"的餐桌,直径118cm、高74cm,白色、银色。

桦木质感 银色

可供4~6人用餐的实木餐桌,桌面下方藏有加长板,可以根据需要变换尺寸。
"诺顿系列"的餐桌,90cm × 150cm(最大205cm)× 74cm,桦木。

白色

玻璃桌面很好打理,脏的地方轻轻一擦就可以了。桌面材料是强化玻璃。
"萨勒米系列"的餐桌,直径105cm、高73cm。

这款餐桌不仅拥有放置餐具、餐巾纸等的抽屉,而且两侧的桌面都能折叠,简洁实用,节省空间。
"诺顿系列"的折叠桌,80cm × 89cm(最小26cm,最大152cm)× 74cm,白色。

桦木
可加长

松木材质的实木折叠桌,非常适合用在不太宽敞的空间里。
"诺尔博系列"的壁挂式活动翻板桌,79cm × 59cm(最小8cm),复古素色。

红字

简洁时尚的设计适用于任何空间,需要时还可以支起桌边的活动翻板,增加可用面积。
"穆杜斯系列"的活动翻版桌,长60cm、宽48cm~92cm、高74cm,白色。

黑色
可加长

这款圆桌由松木材质的实木制成,给人一种自然质朴的感觉。质感会随着岁月的流逝散发出愈来愈深的韵味。
"雷克思毕克系列"的餐桌,直径126cm(最大加长至171cm)。

可加长

桌面下方装有抽屉式活动翻板,可供1~2人用餐,简洁实用,节省空间。
"比约斯系列"的餐桌,90cm × 70cm(最小50cm,最大90cm)× 74cm,桦木薄片。

橡木薄片　褐色　棕黑色
可加长

沉静的褐色圆桌,漆上涂料之后擦拭方便,打理起来一点都不麻烦。
"比约斯系列"的餐桌,直径115cm(最大166cm)、高74cm,褐色。

桦木薄片　橡木薄片　棕黑色
可加长

巧妙的形状设计使得桌腿一点都不碍事,拉出活动翻板可由4人桌变成8人桌。
"比约斯系列"的餐桌,90cm × 70cm(最小50cm,最大90cm)× 74cm,褐色。

桦木薄片　橡木薄片　棕黑色
可加长

试试餐桌和餐椅的随意搭配吧

宜家帮您实现餐桌和餐椅的随意搭配。长凳、板凳、儿童椅等各种材料、颜色和形状的宜家座椅，品种丰富，任您挑选！

Kid's chair
餐椅

侧面的扶手可以用来挂包。"博耶内系列"的餐椅，带扶手，55cm×47cm×72cm，椅座高44cm。

鲜艳的颜色为厨房添彩。"欧莱系列"的餐椅，40cm×45cm×82cm，椅座高45cm，红色。

椅子上的座垫可以拿下来。"波尔耶系列"的餐椅，44cm×55cm×100cm，椅座高47cm，棕色、浅棕色。

坐上这把餐椅，感觉就像到了度假胜地。"南多系列"的餐椅，46cm×62cm×88cm，椅座高45cm，沙滩色、镍金属色。

松木的自然品质是这张椅子最大的魅力所在。"英格弗系列"的餐椅，带扶手，56cm×56cm×91cm，椅座高44cm。

椅罩可以取下来水洗。"尼尔斯系列"的餐椅，50cm×57cm×80cm，椅座高47cm，亮光白色。

Bench
长凳

稳当的长凳除了安全性较高外，也能为空间设计加分。"比约斯系列"的长凳，158cm×36cm×45cm。

Stool
凳子

方便几把凳子摞在一起放置，同时还能在人数突然增加时救急。"玛留斯系列"的凳子，椅座直径32cm，40cm×86cm，浅粉色。

Stackong chair
折叠椅

这把椅子的外观给人以精明干练的感觉。可以折叠起来收纳，非常方便。"马丁系列"的折叠椅，49cm×52cm×86cm，椅座高45cm。

户外也能使用，可折叠收纳。"乌尔班系列"的折叠椅，52cm×51cm×81cm，椅座高47cm，浅蓝色。

垫子

让您坐得更舒适

硬邦邦的椅座，坐久了会屁股疼。放上块垫子就柔软多啦！

这款垫子正反两面都可以用，垫子罩还可以取下来单洗哦！"阿玛利亚系列"的椅子坐垫，40cm×40cm×7cm，红色。

背面使用不易打滑的材料，垫在沙发上坐也可以，而且可水洗。"贝迪尔系列"的椅子坐垫，直径33cm。

Kid's chair
儿童椅

婴儿椅，能与宜家的餐桌高度完美搭配。"布拉梅系列"的高脚椅，带扶手，51cm×93cm，椅座高56cm，黑色。

小朋友3岁后，就该告别婴儿椅了。这一款椅子专门针对3岁以上的孩子设计。"阿甘系列"的儿童椅，41cm×43cm×79cm，椅座高52cm。

室内设计部经理安东·霍格比斯先生向大家介绍了宜家产品的灵活使用法。

食品调配部的加藤尚美女士在会上向大家推荐了由宜家的食材组成的食谱。

IKEA WINTER&CHRISTMAS MEDIA SEMINAR

媒体研讨会速报

小编和几个同事与出版社、报社等媒体朋友一起出席了"冬季·圣诞媒体研讨会"。会上大家提出了许多种欢度圣诞的方法,我们的团队也从中获得了许多关于室内布置、家庭料理上的灵感。

1.红白相间的起居室。鲜红的颜色为室内空间带来了圣诞的气息。
2.不妨在起居室里为孩子准备一个专门的玩耍空间,这样,孩子吃完饭后可以跑去起居室玩,大人则能够从容地在餐厅享受边吃边聊的惬意时光。
3.建议您把料理摆在大餐盘里,由客人自己随吃随取。另外,您还可以在餐盘里摆上些装饰物来欢迎客人。
4.编织物最好选用羊毛或毛皮质地,颜色上选取红色、橙色这样的暖色,简单的变换使空间更加温馨,同时也多了一份冬日的感觉。
5.这道菜是把类似罗宋汤里的肉丸加到干贝汤里,与醋腌的甜菜相映成趣。

巧用宜家产品,轻松打造豪华圣诞

宜家"冬季·圣诞媒体研讨会"已于9月举行,这次讨论的主题是:女主人们如何在边工作边照顾孩子的忙碌中轻松度过一个愉快的圣诞节?

这次讨论会上最特别的就要算我们的会场了。这次的会场除了装潢以外,室内的物品也都是宜家平时出售的商品。餐厅里,采用了"IKEA 365+系列"等的简单餐具,并用红色的桌布、餐巾纸诠释出了圣诞的感觉。

另一个重点是起居室的冬日气息。垫子和毛毯全部换成羊毛等温暖材质,颜色也换成暖色,温暖的布局成为起居室的一大亮点。而且,起居室的光线巧妙地运用了间接照明的效果,使得空间内的冬日气息更加浓厚。

餐会上的菜品也是"宜家食品"提供的食材。前菜是姜汁饼干,正餐采用自助餐的形式,用大号餐盘盛装鲑鱼意大利面、肉丸炖汤等料理。自助餐会也能使派对的筹备变得轻松愉快。

这个冬天,就让宜家陪您度过一个愉快的圣诞吧!

用蜡烛装点圣诞花冠

我们总认为圣诞花冠是拿来挂在墙上的,如果换个思路,将花冠配上几只蜡烛摆在角落,是不是也能营造出浓浓的圣诞气息呢?

烛台连成画

"IKEA PS系列"的茶蜡烛台一套共有12只,这12只既可以单用,也可以连起来摆出漂亮的图案。要想放大设计的亮点,就试把烛台连起来用吧!

GOD JUL!
圣诞快乐!

研讨会带来的灵感

准备圣诞派对的7个小创意

瑞典风格的会场内到处可以看到用心设计的精巧创意。下面,小编就为您介绍几个从会场中看来的设计点子,而且每个创意实施起来都非常简单哦!

藤椅也能穿冬装

藤条做的"弗卢托系列"概念椅上放上"路德系列"的羊皮,再搭配红色的"波吉特 林耶系列"的靠垫,是不是立刻觉得冬天到了呢?

装点一下托盘吧

"IKEA 365+系列"的托盘上放上漂亮的装饰球,再摆上其他小配饰,一棵迷您圣诞树就做成了!

间接照明营造华丽感

将一大把"思米加系列"的人造花插进花瓶,再用"莱克达系列"的台灯一照,华美的感觉顿时洒满整个角落。

星形灯具活跃气氛

瑞典的冬季,日照时间非常短,因此瑞典人擅长用间接照明来点亮生活。圣诞夜里,这款星形装饰灯一定会给您带来不一样惊喜!

色、香、味俱全的装饰

用红、白两种主题色包装的点心摆在"思克里格系列"的托盘上,太美好了!

\ 收获 /

地道的瑞典圣诞节

对瑞典人来说,圣诞节是个非常重要的节日。一进入12月,人们就开始装饰圣诞树,在上面挂一些稻草做的配饰(多用自然质地的装饰品),是瑞典圣诞树的一大特征。据说,这棵圣诞树要一直用到一月份呢!

左 每个家庭都会从祖辈和父辈那里继承一些充满回忆的圣诞用品。
右 人们为了祈求下一年的丰收,会在每年的年末用收获的稻草编织出"圣诞山羊"。

IKEA LOVERS
探访宜家达人的爱居

他们是宜家的忠实粉丝，家里全是"宜家制造"。下面，就让小编带您走进这3位宜家达人的家。

"爱克托系列"沙发的摆放决定了其他家具的位置。悬挂好星形装饰灯后，天花板的设计理念也就明确了。

小鸟夹子也是从宜家买来的，它的设计原本是为了把菜谱固定在餐具上，现在夹在窗帘滑轨的一端，显得别有一番情趣。

在窗旁挂上宜家的蕾丝窗帘和刺绣蝉翼纱，使透进房间里的光线自然而温馨。

这只小鸟正停在树枝上休息，很有趣的窗帘夹！

一眼就爱上了宜家的这款展架。德国胡桃雕刻成的人偶周围摆放着各种装饰品，展架两侧一边一只复古烛台，显得非常对称。

灯壁上吊着水晶饰物的"莫尼格系列"的枝形吊灯，铁质材料体现成熟气质，外观设计迎合了客厅的需要，一家人可以在这温馨的灯光下放松休息。

电视旁边的"帕克斯系列"的储物柜里收纳着生活杂物和一些有趣的小玩意儿。线形陈列架是一家手工店停止营业时转让的物品。

"帕克斯系列"的储物柜的一面与墙面固定，柜门选择了镜面设计，镜中映照出起居室内的布局，延伸出更大的视觉空间。

起居室

让喜欢的家具和物品当主角，用镜子和收纳技巧把空间"变大"

庆祝乔迁之喜的时候，朋友送了这盆观赏植物，盆里插着的蝴蝶大头针体现了主人的童趣。高原女士就是这样，她会把客人能看到的物品由里到外精心地装饰起来。

几只苹果状的蜡烛立在那里非常可爱。高原女士收集了很多类似这样的圣诞装饰品，并且很擅长在派对上用细节装点出活跃的气氛。

电视周围小窗的位置，由电视的高度决定。把"法克图系列"的柜子当做电视柜，同时搭配餐厅内的桌椅组合，将直线形设计的家具摆在一起，体现出室内空间协调一致的美感。

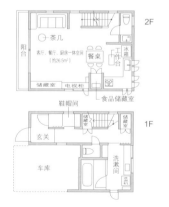

爱宜家实例1

用适度、适量的收纳整理拓宽空间视野，烘托家具摆设

兵库县·高原妙子女士

　　高原女士一家四口生活在这座新建的独立小别墅里。高原女士以前曾在宜家的实体店工作过，对宜家的产品非常了解。自家房子装修的时候，她更是成了大量购入宜家家具和器材的"宜家通"。进到高原女士的家里，一眼望去不禁让人感叹，她竟用宜家的产品创造出了如此完美的理想空间。

　　室内设计的主题巧妙地兼顾了主人的喜好和物品的实用性。家具和地板分别选用纯净的白色和天然的棕色，以黑色为主线连出布局的一致性。用自己喜欢的物品作为点缀，房子里到处弥漫着一种惹人怜爱的感觉。

　　起居室、厨房、卫生间里的物品容易越堆越多，因此在这些地方预留出了很大的收纳空间，每一个空间都细分为若干个小空间，这样便于归类和整理。另外，类似厨房这种不容易被人看到的地方也不容忽视。为此，高原女士巧妙地利用收纳工具把各种各样的物品整理得十分有序。同时，她还不忘随处展现简洁的品味，让自己的爱居给人留下清爽的印象。

　　高原女士对我们说："宜家的设计都很可爱，而且还很实用，价格也不贵，所以用宜家的东西我觉得特别开心、满意。"新家经过合理的设计，能够巧妙地收纳和整理物品，因此高原女士不需要在收拾房间上花太多时间。她可以用这些省下来的时间逛逛自己喜爱的小店，享受一下属于自己的时间。

家庭成员：丈夫、妻子、大儿子、小儿子
房屋类型：独立的小别墅式住宅
房屋面积：90m²
房龄：1年

小编非常喜欢这款抽油烟机的流行设计。灶台采用的是日本的产品。曾在厨具卖场工作的高原女士果然有眼光！

冰箱和天花板之间的空间里，还设有一个大小刚好的收纳架。"我的理念是一点空间都不要浪费"，高原女士对我们说。收纳架前的吊灯充满了复古的韵味。

餐厅里摆着"格兰纳系列"的餐桌和餐椅，这套桌椅组合的后面还设有一间食品储藏室。在这个客人看不到的地方，同样藏着一些家电和杂物。

料理台下面有个旋转式的架子，里面放着锅碗瓢盆，甚至还有超大的意大利面锅。高原女士很爱做饭，厨房里的厨具可以说是一应俱全。

食品储藏室里，左右两边的架子都是用木屑板搭出来的。储藏室最里面立着摆放"格尔姆系列"的单元层架，下层放笨重的电器以及食品，较轻的工具都放在上面。

这只环保袋是"宜家职员限定版"的非卖品，很有纪念意义。所以高原女士选了个方便挂取的位置用挂钩把它展示了出来。

"卢恩斯系列"的磁力黑板上贴着菜谱、孩子的事项单、明信片拼贴画等等，用途非常大。

"格尔姆系列"的厨房挂篮有效利用了剩余空间。这间食品储藏室帮助高原女士把整理家务变成一件简单的事。

餐厅与厨房

收纳讲究有"藏"有"露"，
看着饱眼福，用着很舒服

一台"斯坦托系列"的厨房推车把我们领入了爱尔兰式的厨房设计。厨房的面积只有3m²多一点，通过这台"斯坦托系列"的厨房推车把狭小的空间充分地利用起来，整理家务也能变得更有效率。

孩子们的房间总共不到15m²，"埃克佩迪系列"的组合架刚好可以帮助他们利用起所有的空间。与组合架颜色相同的"卡赛特系列"的置物盒也能使整理收纳变得更方便。

站在门口望去，右半边是已经上中学的大儿子祥太郎的房间。祥太郎活泼开朗，热爱运动，房间里摆放的黑白阁楼床非常符合他的性格。

房间的左半部分是上小学的二儿子的房间。房间内的天然棕色阁楼床与拥有的五颜六色的物品搭配得恰到好处。

两张床的床头各放了一台"特提亚系列"的工作灯。这款台灯能够方便地调节灯头方向和光线强弱，是高原家两个爱读书的孩子每日必不可少的好伙伴。

儿童房

用储物架实现房间内的顶级收纳，储物量超大，房间显得超宽敞

卧室

看节省空间的达人如何把8m²变双人间

床头一把细长的"英格弗系列"椅子代替了床头柜，上面放着台灯和枕头等，台灯上的彩色图案与墙壁的绿色非常搭调。

卧室旁边有个步入式衣帽间，用"帕克斯系列"的棕色储物柜将空间分隔开，储物柜里还放着许多塑料整理箱，各种物品的分类十分细致。

摆放着两张床的这间卧室竟然只有8m²！为了节省空间，两张床都选用了无边框设计，墙面上设有一个展架。

洗漱间里用"法克图系列"的橱柜放置洗浴用具，同时在设计阶段就考虑予许多细节，因此一家人都非常喜欢，女主人洗衣服也很方便。

洗手台使用的是普通厨房用的"多姆修系列"，高原女士说，这是因为"多姆修系列"的洗手台比一般的大，用起来方便。

这个抽屉原本是为整理调味料设计的，高原女士用它整理容易乱放的洗面用品。能想到把厨房里的家具妙用到其他地方的，恐怕也只有高原女士了吧！

卫生间

巧用厨具单元架
轻松打造实用空间

厕所的一角挂着"利霍蒙系列"的化妆镜。厕所依照简约的理念，只放置了必要的装饰品。

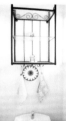

马桶上方的架子上放着主人喜欢的小物件，其实整栋房子里到处都能看到可爱的小装饰品。

"斯多曼系列"的鞋柜里可以装下差不多40双鞋，把各种大小的挂钩都挂在墙上。鞋柜的设计很好地诠释了收纳中"露"的学问。

鞋柜

活用架子和挂钩，整理一家人的外出用品

鞋帽间的入口处安着一扇复古风格的门，这扇从高知县特意送来的门真是引人深思呢！

"埃克佩迪系列"的组合架，既方便收纳整理，又可用于空间划分，还能成为一个很好的展示空间，一举两得。因为组合架的一侧与墙壁钉在了一起，以防地震发生时被震倒，安全系数比较高。

固定在墙上的"拉克系列"的搁板上摆放着充满回忆的照片。照片上人们的视线虽然方向不同，但彼此都在各自前行。

家庭成员：本人
房屋类型：独立的小别墅式住宅
房屋面积：48m²
房龄：37年

爱宜家实例2

妙用多功能储物架，布置红白相间的可爱单间

大阪府·S小姐

　　S小姐用宜家的家具和一些自制的物品，把一套房龄长达37年的二手公寓改造得焕然一新。接下来，一个体现着高品位的个性化舒适空间，即将在我们面前展现。

　　走进S小姐的家，首先注意到的就是那些红色的物品了，如窗帘、书架、椅子等。在考虑到布局和比例的基础上，用红色的物品描画出室内空间统一协调的美感。西洋风格的室内设计，为硅藻土的墙面与充满自然质感的地板增添了一份时尚感，不仅可爱，也很实用。

　　此外，为了体现一致感，每个细节的材料和用色都保持了严格的统一。家中的门把手、挂钩等全部选用黑色铁制品，彰显出一种成熟稳重的气质。厨房、卫生间、玄关都统一采用橱柜的门板，室内设计的协调感便尽显于这种整体搭配之中。

　　自从空间改造之后，S小姐在家的时间变多了。呆在自己搭配出的空间里，对她来说是一种愉快的享受。

起居室

有"藏"有"露"的绝对整理，
彰显高雅品味的配色——红色

墙上挂着令S小姐一见钟情的丙烯颜料画，这组特别的作品里一共有4幅画，4幅连在一起讲述了一个美丽的故事，从玄关旁挂着的故事开始，沿着起居室的墙壁一点一点讲下去。

特别定做的窗帘滑轨，运用自己喜欢的材料制造出满意的尺寸，实现了成品无法达到的完美效果。黑色轨道拉近了白色墙壁与白色窗帘的距离，成熟稳重。

我们现在看到的起居室曾分为两个独立的部分，一间日式风格卧房和一间西洋风格房间。经过S小姐的改造，将两个空间合二为一，变成了这个宽敞的起居室。起居室的左手边最里面是S小姐的卧室，这种把壁橱放到床下的设计俗称"多啦A梦床"。这个新设计出的卧室面积有3m²。

"卡赛特系列"的带盖整理箱里藏着各种风格迥异的小物件以及一些文件，整理箱的大小刚好可以放进组合架的格子里，搭配非常美观。

"埃克佩迪系列"的书桌和开放式储物架，搭配红色的"尤利斯系列"的椅子组成了这个工作空间。桌上的台灯也是购自宜家哦！

洗漱间与玄关

柔和的纯白空间里，用黑色点缀协调

衣帽间

用储物篮、滑轨、抽屉来细致分类，不同大小、不同用途要分开整理

门口的收纳采用与卫生间和厨房统一的"斯托特系列"的柜门。这个空间的亮点就是柜子上那个带柜台灯的橱窗了。橱窗里陈列着S小姐喜欢的装饰品，其中，一个狗尾巴形状的"贝思迪系列"的模型上挂了个鞋拔，可爱极了。

洗漱间的柜门采用与厨房相同的"斯托特系列"。为搭配柜门上黑色的铁制把手，室内的镜子毫不犹豫地选用了"诺桑系列"。

由"帕克斯系列"的家具组成的衣帽间里还有一个精致的化妆台。衣帽间里放着"康普蒙系列"的储物篮、滑轨挂衣杆等收纳工具，衣物按照大小分类，排列得整整齐齐。

"穆杜斯系列"餐桌的桌面可以展开，平时放在冰箱旁，使得这块起居室与厨房的一体空间显得宽敞。

厨房

用黑色铁制品装点细节，打造欧美风格的时尚厨房

把宜家买的密封瓶罗列在架子上，排成一排，华丽感刻刻呈现。在咖啡包和红茶袋颜色的相互映衬中，一种轻松愉悦的气氛应运而生。

统一用"克罗根系列"当作厨房、厕所、玄关的把手，细长的铁制材料大大增加了现代设计感，构建出一个富有个性的室内空间。

用S形挂钩挂起常用的厨具，固定着挂钩另一侧的横棒也使用了铁制材料，用磁铁将菜谱或随手的笔记吸在横棒上也非常方便。

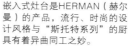

嵌入式灶台是HERMAN（赫尔曼）的产品，流行、时尚的设计风格与"斯托特系列"的厨具有着异曲同工之妙。

高高的储物架一直连到天花板，一面是厨房，一面是玄关走廊。储物架的两侧都安装了玻璃柜门，不论从厨房还是走廊都能方便地拿取东西。

专门放保鲜膜和锡纸的"裴尔菲克托系列"储物架被设计在洗手台下面，洗完东西随手就能包起来，非常方便。厨房的实用性设计精细到每一个细节。

茶具和一些生活杂物都放在"诺顿系列"的餐具柜里。"贝格薇姆系列"的楼梯凳上放着红色台灯作为装饰。

爱宜家
实例3

充满活力的花纹与色调，
让房间更加明亮

山形县·Y先生

　　Y先生最初是从杂志上了解到宜家的，自那之后就被宜家丰富的颜色和精美设计所吸引。家里装修的时候，Y先生特意开车到宜家店买家具，前后共去了10次。

　　起居室的布局以一组宽敞的沙发为中心，整个空间感觉舒适惬意。厨房和餐厅都铺着充满时尚感的地毯，并以地毯为中心周围点缀了些五颜六色的物品，使整个空间充满了灵性。"摆上喜欢的东西，房间立刻就丰富了。看到这些鲜艳的物品，人也变得有精神

了呢。"Y太太这样对我们说。这部分空间还有一个特色，就是稍稍拉近了餐桌和沙发的距离。这样，坐在沙发上的人就能轻松地与用餐的人交谈。家中还有一块预留空间，用来当作书房和未来宝宝的房间，这里也跳跃着缤纷的色彩，飘散着一种轻松愉快的感觉。卧室的基调是明快的绿色，搭配着自己喜欢的花纹布料，弥漫着一种安定的气息。关于卧室的布置，Y先生还有更多的创意："我们还打算以后一年四季随时更换应季的布料。"

为了节省料理台上的空间，墙上装上了挂厨具的横杆，调味料和碗具都挂着放。用几个五颜六色的"比格尔系列"收纳盒分别放置不同颜色的小物件，方便极了。

餐厅与厨房

给整洁实用的空间，涂上丰富的颜色吧

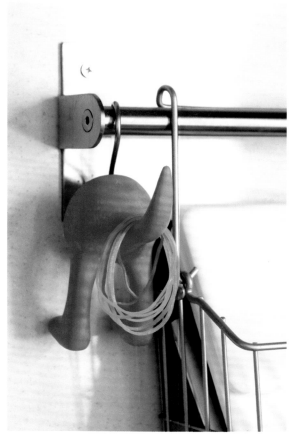

厨房和餐厅的一体空间里，整体布局以一块流行图案的地毯为中心，各种不同的颜色形成鲜明的对比，开放式的空间让人们能够轻松地进行畅谈。

家庭成员：丈夫（34岁）、妻子（35岁）
房屋类型：独立的小别墅式住宅（只有2楼）
面积：74.52m²
房龄：1年

这款"贝思迪系列"挂钩的形状按照狗狗的背影设计，狗狗的尾巴上挂着橡皮圈，非常可爱。

手工窗帘是用"塞西利亚系列"的布料织物改制而成的，鸟儿与叶子、绿色与白色，窗帘的图案为起居空间带来了一丝安定与平和。

开放式的起居室采光非常好，电视柜是宜家的"贝诺系列"。电视柜两侧摆着宜家的储物架，架子上的时尚小盆栽提亮了整个空间的气氛。

电视柜里放着"卡赛特系列"的收纳箱，里面按照香味分类收纳着Y先生钟爱的"廷加系列"蜡烛。

起居室

一切布局只为放松休息，个性小物件提升空间品味

Y先生非常喜欢这款"卡斯塔系列"的沙发——在这宽敞舒适的沙发上品品茶、睡个午觉，真是太舒服了！

非常喜欢"艾尔文 弗罗拉系列"靠垫的设计，花纹和刺绣都充满质感。另一个靠垫的罩子用了与窗帘一样的布料织物。

楼梯平台的一角，放着"莱瓦系列"的木质储物架，架子上摆着Y先生儿时的宝贝：汽车玩具、儿童画……

走廊的墙上挂着"费吉奥系列"的镜子、海报、招贴画，起居室与走廊间的墙壁换成了玻璃，这样就把走廊变成了画廊一般的陈列空间。

这个预留空间主要是为未来的宝宝准备的，现在也有许多其他用途。地毯给人一种华丽的感觉，木质家具的温和质感又显得有所收敛。

工作室

巧用收纳盒，打造轻松与明显的收纳效果

预留空间

未来宝宝的房间，一定要可爱且充满惊喜

柔和的壁纸搭配活泼颜色的家具，"舒法特系列"的收纳柜、粉色的"玛莫特系列"的儿童凳都与壁纸配合得恰到好处。

现在，这个预留空间主要用于晾晒衣物，"IKEA PS 克朗系列"的收纳篮中放着八爪鱼形状的"普利萨系列"晾衣架。

这款书架是"毕利系列"诞生30周年时推出的限量版，表面印有丰富的图形和符号。杂志和文件都收纳在"卡赛特系列"的置物盒内，使得书房整体显得整齐有序。

书房的重点在于地上的组合花纹地毯，书架上绿色和橙色的收纳盒为整个空间增色不少。

卧室

妙用布料织物，营造安宁的绿色空间

布料织物统一放置在"马鲁姆系列"的收纳柜里。白色的简洁设计衬托出柜子上红色装饰板的艳丽。

卧室以绿色和粉色为基调搭配出了一个安心宁静的空间。凳子上的小储物篮里放着睡前要看的图书。

深棕色的床头板上罩上与窗帘一致的"塞西利亚系列"布料，使得整个空间的色调不至于因为床板而暗淡，颜色恰到好处。

将心爱的布料挂起来当作壁毯，让角
落的布置因此而有了重心。以明亮的
绿色为基调，搭配粉色的花形灯，色
彩的运用真是相得益彰。

宜家产品的
13种妙用创意

只需要稍稍转换一下视角，您就会发现室内设计的妙趣所在！以下就是我们收集来的宜家产品的巧思妙用。

玻璃水槽和铺餐垫，让角落也充实起来

"帕纳系列"的餐垫上摆着一只玻璃水槽，就算有水溢出来也能用餐垫轻轻拭去。黑色的餐垫搭配绿色的水草，呈现了一种时尚的气息。

油瓶插进烛台里

抽油烟机的一端吊着"巴弗塔系列"的挂式茶蜡专用烛台，油瓶也能被放入其中！节省空间的同时，用起来也超方便！（东京·诸星贵子）

饰品与玻璃的
完美组合

玻璃烛台上点缀些随身饰品，让您的收纳变得轻松、美观。"布洛特系列"的高脚烛台上挂着耳环、项链。"格莱马系列"的小圆烛台里放入华丽的戒指。

把小杯垫贴墙上，为
白色的墙壁增添色彩

在墙上随意贴上"帕纳系列"的小圆杯垫，墙壁立刻有了时尚感。杯垫很轻，用双面胶贴上去即可，揭的时候也不费力。（千叶县·高田康子）

烛台的妙用法，别出心裁的腕表陈列

给"吕南系列"的烛台戴上腕表，收纳的同时也是种展示。把手表摆在固定的位置免得用时找不到，家里的物件也因此显得整齐有序。（千叶县·伊藤省吾）

衣架太过生活化，让儿童储物篮帮您完美收纳

如果将衣架摆在外面会显得太过生活化，而把衣服放在"科洛尔 休尔帕达系列"的收纳篮中，会让您的房间更加合理。（山形县·Y）

烛台插花也很美

造型优雅的康乃馨这次竟是出现在宜家的"布洛特系列"的烛台里。在烛台中放上一块吸水海绵，然后为鲜花调整出优雅的造型就完成了！（广岛县·HannaChopi）

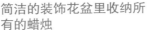

简洁的装饰花盆里收纳所有的蜡烛

锌合金材质的"索尔克系列"装饰花盆，里面收纳着满满一盆的铝壳蜡烛。这款装饰花盆的设计简单大方，摆在哪都好看。（神奈川县·阿部千佳）

红色的食品盒也能"保鲜"小玩具

把一块块文字模型分类放进"迪斯坦系列"的食品盒里，活泼明快的红色盒子放在儿童房里真是再适合不过了。（千叶县·丫）

用相框挂起学校的通知，用文字提升空间品位

如果把孩子上学的日程表直接贴在墙上会显得干巴巴的没有情趣，可以试着用"尼特亚系列"的画框装裱起来吧！（东京都·诸星）

把单调的楼梯装点得更加热闹

从小店里买来的墙壁贴画搭配宜家的"索尔丽"小圆镜，把楼梯一侧的墙壁用这些小装饰点缀起来，让上楼下楼都变成一种愉快的享受，使整个空间充满了童趣。（东京都·新知春）

组合使用两个画框，创作一件大幅墙面艺术

把布料织物放进"尼特亚系列"的画框里，一件简单的艺术品就创作完成了。如果把布料剪开后分别放进两个画框中，"藕断丝连"的图案会让您的作品更加引人注目哦！（琦玉县·关）

塑料碗也能种植物

宜家的塑料碗在户外露营的时候非常好用，也可以在碗里种上豆苗摆在厨房窗边。深深的碗口特别有安全感呢！
（兵库县·高原妙子）

家具的摆放与丰富的色彩运用，为孩子创造
轻松快乐的游戏空间……P68~71

蓝绿搭配的儿童房，融合多种收纳创意
……P72~74

快乐的
儿童房

游戏、学习、换衣服、睡觉……孩子要在房间里做许许多多的事情。
独具特色的物品摆放、恰到好处的色彩搭配、巧妙实用的整理方法等，
接下来我们将为您介绍一些值得借鉴的经典儿童房设计。

用孩子自己选择的家具，创造独具魅力的自
然北欧风……P75

活用造型独特的饰品，打造现代流行空
间……P78

白色与粉色的交替用色，体现开放式的女生
房间……P76

把两张床横着靠在墙边，这个不到10m²的空间就被更加有效地利用起来了。"法多系列"的球形台灯的简洁设计给人以可爱的印象。

实例1
★东京都★
松友女士、京花、圭吾

家具的摆放与丰富的色彩运用，为孩子创造一个轻松快乐的游戏空间

松友女士说："儿童房不仅仅是孩子们睡觉的地方，我更希望他们在这个房间里度过快乐的童年。"

因此，她布置出了这间能够激发孩子想象力的儿童房。床罩上描绘着五彩斑斓的海底世界，玩具都尽量选择色彩丰富的。墙壁容易显得冷清，所以安上了几排装饰架，用来摆放孩子喜欢的儿童读物。就这样，丰富的色彩和孩子喜欢的玩具为这间儿童房带来了无限的活力。

另外值得一提的是，在这间不到10m²的窄小空间里，松友女士还通过对家具的精心布局，为孩子们开辟出了一个宽敞的游戏空间。把两张165cm长的儿童床横靠着墙边摆放，房间的中间就宽敞起来了。两个低矮的三层整理柜并排摆在一起，使得收纳场所也不会显得拥挤。抽屉里用小一点的整理盒分类放置衣物，既整齐又方便。

松友女士用巧妙的色彩运用和精心的家具布局，为孩子们创造出了一个轻松快乐的专属空间。

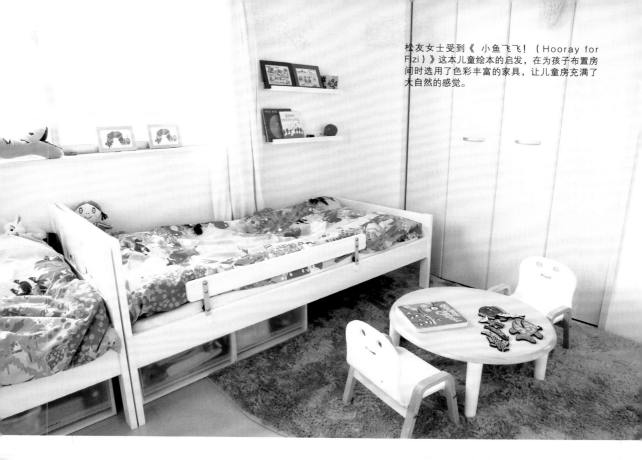

松友女士受到《 小鱼飞飞！（Hooray for Fizi）》这本儿童绘本的启发，在为孩子布置房间时选用了色彩丰富的家具，让儿童房充满了大自然的感觉。

"科洛尔 锐乌系列"的床罩上描绘了一个五彩斑斓的海底世界，当初买这套床罩就是被这幅画面所吸引，也正是这幅画为整个空间带来了明快的气息。

把心爱的布偶装进"奥梵利系列"的花瓶里，放在床边，拿着也很方便，鲜艳的颜色还能作为整个空间的点缀。

墙壁上固定着"菲斯克维系列"的轨道式相片夹，上面挂着孩子们的画作。红色和蓝色的动物装饰品也是来自宜家。

墙壁容易冷清，用装饰画来增添些情趣

室内设计以白色为基调，墙壁上的布置虽然简洁但恰到好处。"丽巴系列"的装饰架上摆着"尼特亚系列"的画框，画框里展示着孩子们喜欢的画。

"拉姆系列"的画框里展示着荷兰插画家布鲁纳的作品，画框的天然木材质感与插画内容完美，为房间带来了一种温暖的感觉。

小盒套进大抽屉，分格整理超聪明

松友女士给两个孩子每人准备了一个"马尔姆系列"的整理柜，每一层里都配有许多独立的小盒，把孩子们的T恤、儿童衫等衣物分类放置，整理起来非常方便。

"杜克迪系列"的迷您玩具锅就像真的厨具一样。逼真的造型与白色的工作台显得非常协调。

"阿帕系列"的玩具整理箱里也放着整理柜中用到的独立小盒，找玩具的时候方便了许多。

"锐盾系列"的大篮和小篮里分别放着食物模型和餐具模型，收纳工具的选择与室内风格完美配合，玩具的分类收纳显得非常美观。

房间布局

整理柜

过家家仿真厨房

儿童房
（约10m²）

儿童圆桌

衣帽间

配合家具，把墙面刷成浅蓝色，7.5m²的
榻榻米房间瞬间实现可爱变身！家具贴着
墙壁摆成一排，方便孩子们在"翰蓬系
列"的地毯上尽情玩耍。

HAPPY KID'S ROOM

实例2
★ 东京都 ★
新知春女士、纮生君、琉生君

蓝绿搭配的儿童房，融合多种收纳创意

纮生和琉生的房间用蓝色和绿色的搭配给人一种柔和的感觉。孩子们的衣服和玩具一直在增加，整理起来很让人头疼，为此新太太巧妙地运用了宜家的家具，让这些都不再是问题。

举个例子吧，两个孩子都拥有自己的衣柜，每天可以自己选择穿什么衣服。纮生刚刚3岁，他的衣服放在"舒法特系列"的抽屉式整理柜里；琉生已经上了小学，他的衣服放在"玛莫特系列"的衣橱里，而且敞开式的柜门能使挂着的衣服一目了然。玩具则

放在"突布塔戈斯系列"的收纳桶以及宜家其他系列的储物篮里，整理时让孩子们随便扔进去即可，非常简单。新太太想通过这些事情让孩子们懂得自立，真是作母亲的良苦用心啊！

"也只有在宜家才能花不多的钱买到这么多五颜六色的可爱家具。这样我们也能在孩子成长的过程中放心地更换适合孩子的家具！"新太太对日后不断变化的室内设计非常期待。

"舒法特系列"的储物架上摆着许多整理箱，整理箱里收纳着孩子们出门穿的衣服。新太太说："孩子们总想穿新衣服，所以我特意把新衣服放在不好拿的地方。"

"玛莫特系列"的整理柜里整齐地叠放着大儿子纮生的衣服，打开抽屉，一眼就能找出哪一件放在什么地方，布局非常清楚。

孩子们在长大，收纳家具也要变化

衣橱用来挂一些怕皱的衣服，非常方便。稍稍调整隔板的位置，一大一小两个空间里就能分别放下两个孩子的衣服，上面是小儿子的，下面是大儿子的。

房间布局

73

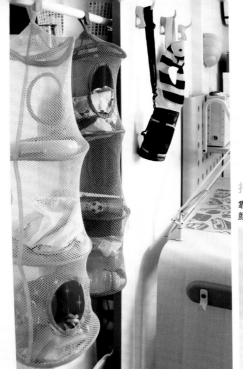

为配合房间的主题而选择了蓝色和绿色的"贝思迪系列"挂钩，狗尾巴的造型非常可爱。

把墙壁利用起来，开辟新的收纳空间

靠近天花板的位置钉着"拉克系列"的搁板，上面摆着各种小物件，五颜六色的物品为房间再添明快的色彩。

儿童房和厨房之间的推拉门一直敞开着，门口吊着"IKEA PS 方戈斯特系列"的悬挂式储物袋，设计非常大胆。储物袋主要用来放些厨房用具。

玩具统一放在"科洛尔 休尔帕达系列"的收纳篮里，这样也方便孩子自己整理。

入口的推拉门涂上了黑板漆。房间内到处摆放着设计独特的物品，总能激发起孩子们的好奇心。

书桌旁伸手就能够到的位置摆着"埃克佩迪系列"的书架，女主人说："这个书架特别结实，把厚厚的画报放上去也没问题。"

房间设计的亮点在于只有一面墙壁涂上了沉静的蓝色，这样既有华丽感，又不失稳重。

实例3
* 栃木县 *
E女士、Rio

用孩子自己选择的家具，创造独具魅力的自然北欧风格

E女士很爱北欧传统家具特有的简约设计，是宜家的忠实顾客。家里4岁的宝贝已经上了幼儿园，孩子的一句"我想要自己的房间"促使E女士布置出了这间可爱的儿童房。

"可能是家里装修的时候，孩子看到大人忙着挑选家具，所以也想挑选自己小房间里的家具吧！"E女士说。

从低调沉静的蓝色墙壁到藤条编制的椅子，再到色彩鲜艳的靠垫，房间内的布置几乎都是由孩子自己选的。深色的墙面与天然质地的各种物品完美地搭配在一起，组成了这间弥漫着自然气息的房间。孩子在自己喜欢物品的陪伴下，一天一天茁壮地成长着。

儿童专用的"翰佳系列"外套衣架上挂着孩子的上衣和幼儿园的校服。衣橱的设计简单实用。

用家具代替墙壁，成为了儿童房和大人卧室的隔断。架子的最下层放着孩子常看的书，倒数第二层摆着常玩的玩具。

房间布局

躺椅
儿童房
（约10.7m²）

衣橱　储藏室

75

选择"姆拉系列"的积木是为了和其他小朋友一起玩，自然的质地非常耐用。

Rio不喜欢布偶玩具，所以自己挑选了"杜克迪系列"的厨房玩具，这套虽是儿童用品，可每一件餐具都做得像模像样。

立式画架让孩子轻松绘图

用"莫拉系列"的立式画架可以把一大张画纸铺在上面，让爱画画的Rio自由发挥想象力，轻轻松松地完成自己的作品。

孩子喜欢的"法姆尼 希亚塔系列"靠垫放在"爱格系列"的藤椅上，陪伴孩子度过每天的快乐时光。

左手边是小女儿的房间。白色的家具中点缀着布料织物和粉色的小物件，鲜艳的地毯来自宜家的"灵格姆系列"。

实例4
兵库县
早代女士

白色与粉色的交替使用，体现开放式的女生房间

早代女士的大女儿上初二，小女儿上小学5年级。两个女儿的房间用拉门隔开，里面的布置是完全对称的。

为了让房间显得更宽敞，两边统一以白色为主色调。纯白的空间里配上鲜艳的地毯以及柔和的粉色布料，女孩子的气质立刻就被突显出来。早代女士对自己的杰作非常满意："女儿的同学来家里之后都会羡慕，说她的房间非常漂亮！"孩子们在各自的公主房里生活也很开心。

一进门，右手边的是大女儿的房间。"毕利系列"书架的一侧有挂钩，上面挂着既能放书又能放便当盒的学生包。

"毕利系列"的书架上放着上学用的教材。为了使空间显得不那么拥挤，写字台选用了相对简洁的设计。

房间布局

	书架	书桌		
电子琴			储物架	
	地毯			
小女儿的房间 (约7.5m²)		大女儿的房间 (约7.5m²)		
			衣橱	

实例5
百合女士
小樱

活用造型独特的物品，打造现代流行空间

百合太太看重宜家实在的价格和简约的设计，家中的布置很多都用了宜家的产品。

大女儿小樱的房间以粉色为主基调，鲜艳的"斯尼尔系列"粉色椅子、粉色的床罩，使整个空间充满了女孩子的气息。

房间内用许多有个性的物品充当点缀，如花形台灯、叶子状的床蓬等，加上其他形状独特、色彩鲜艳的饰品，活泼快乐的空间就布置完成了。

房间布局

床边的储物篮来自宜家的"科洛尔 费斯系列"，充满现代感的图案和鲜艳的色彩，非常可爱，储物篮里放着孩子喜欢的宜家布偶。

布料都选择了非常活泼的样式，"阿尔维斯 弗罗拉系列"的靠垫上绣着花鸟，宜家的床罩上画着鱼和许多海洋生物。

室内布置课程，
为您展示经典风格设计

宜家式室内设计

优雅的布置、大气的设计、温和的氛围……让您从我们收集
的实例中获得灵感，设计出您心目中的完美室内风格！

沙发背面的大幅艺术作品来自宜家的"皮亚特立德系列"。旁边的照片会令
人联想到包罗万象的大自然，为房间增添了一份平和的气息。

用大幅面板和季节性装饰，打造酒店式的设计

欧洲风格　　　　　　　　　　　　　　　　　　　东京都·S女士

　　装饰性照明与传递自然气息的大幅图板等，在S女士的家中摆放着许多让人眼前一亮的精致物品，高雅的室内空间便是在融合了这些物品的基础上形成的。装修时，S女士为新家添置了床、沙发、茶几等一系列家具，而且它们几乎全部来自宜家。

　　最初了解到宜家，是20多年前在德国留学的时候。宜家实在的价格和丰富的设计感让当时的S女士惊叹不已："最令我震撼的是德国人都很认同宜家的设计理念。再普通的家，也能轻松地布置出舒服、放松的空间。"

　　由此，宜家的设计理念也慢慢渗透到S女士的观念中。现在的家中，舒服的起居室给人一种来到欧洲酒店般的大气之感。以单色调的图板和照片为背景，点缀着充满季节感的摆设，使得来访者感到平和、宁静。S女士认为，家具和装饰品的布置能够更好地呈现室内设计的完整性。布置出如此精致空间的S女士依然在不断探寻着完善之路。

起居室的窗台上点缀着绿色与银色的装饰，与起居室的白色基调完美配合。"弗雷尔系列"的紫色蜡烛更加提升了高雅的感觉。"斯帝摩系列"的烛台与白色的"布洛特系列"搭配在一起，错落有致中体现一种平衡的美感。

"卡斯塔系列"的沙发床设计简洁，软硬程度适中，坐、躺都非常舒服。沙发床上搭了一条女士长披肩作为点缀。

在"松鼠"的周围摆上核桃，使整个角落都充满了童趣。单一色调的布置彰显出高贵的品味。

照片的画框背景统一使用白色，一种踏实稳重的气质应运而生。"弗莱亚 拉彼里特系列"的红色坐垫成为整个空间的一大亮点。

起居室

家庭成员／丈夫、妻子
房屋类型／精装修商品房
房屋面积／56m²

"维蒙系列"的茶几上摆着小圣诞树与圣诞老人的装饰品,这样,喜欢圣诞节的S女士天天都能感受到圣诞的快乐。

排风扇附近摆着香味蜡烛和薰香精油。S女士说:"因为这里空气比较流通,所以薰香的效果非常好。"

盆栽的托盘用果盘代替,独特的设计让人很享受。茶几下的箱子里放着防灾应急的饮用水。

凳子上铺着"IKEA PS系列"的精美坐垫,美丽的花纹装点出一种华丽的感觉。

餐厅中采用了柔和的圆桌，上面铺着"艾斯系列"的白色桌布，一切宛如走进了酒店餐厅一般高贵典雅。

灯光只有在暗处才会显得明亮，这个时候，窗帘就起到了很大的作用。两层窗帘长长的垂到地上，显出一种特别的气质。

蛋糕台里面摆放着蜡烛，蜡烛周围装饰的植物是从花艺商店买来的。精巧的装饰使得圣诞气氛更加浓郁。

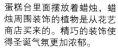

餐厅

"格兰萨系列"的灯具上装饰着玻璃配饰和小鸟形状的工艺品，营造出枝形吊灯般华丽而梦幻的感觉。

餐厅的书架上每个季节都会摆上不同的装饰品。温暖冬季的摆设是松球以及"费诺门系列"的蜡烛。

为突出茶红色的"汉尼斯系列"整理柜，背后的墙壁刷成了黑色。墙壁上挂着椭圆形的镜子，金色的边框带来一种奢华的美感。

蜡烛最能为房间带来欧式气息。高低有致的烛台使得整个空间有了丰富的表情。

桌面上陈列着蜡烛和各种小工艺品。杯子里插上羽毛笔，更显出浓郁的欧洲风格。

"利尔伯系列"的摇椅与"福莱雅系列"的靠垫搭配出温暖的感觉，陪您度过在起居室里的优雅时光。

作为室内设计的一个重要部分，厨房的布置也很美观。家具和饰品的选择都以白色和银色为中心，显得整洁干净。

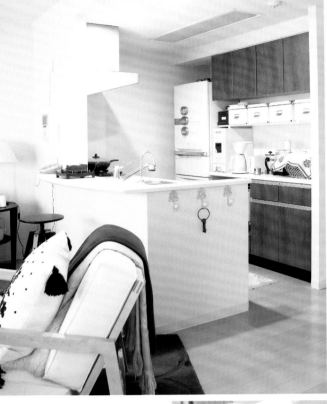

厨房的开放式储物架上摆着一排"卡赛特系列"的收纳箱。这样，就算站在起居室与餐厅的位置，也不会觉得厨房里太过生活化。

厨房

吧台上摆着"尼克系列"的餐巾盘，吧台旁放着"德福莱系列"凳子，这些都是专为待客而布置的。

起居室、餐厅、厨房的一体空间，在入口处的墙壁上装饰着"丽巴系列"的相框，相框里放着美丽的照片，从厨房看上去真是赏心悦目。

卧室

卧室以最爱的绿色床罩为中心，周围墙壁上挂着植物图案的拼贴画，感觉清爽怡人。

床头放着几个"阿尔登 里滕系列"的绿色靠垫，这几个靠垫花色不同，但都属于同一色系，因此也能显出协调一致的美感。

窗帘选择了普通的设计，既配合了华丽醒目的床罩，同时也能烘托出"阔拉斯系列"的桌子上"奥思迪系列"台灯的优雅迷人。

白色的L字型沙发是M女士单身时就非常喜欢的一款家具，沙发上搭配棕色、米色等深色靠垫，感觉大气而从容。

于白色与深色的家具之中感受醒目的鲜艳色彩

现代风格

兵库县·M女士

　　M女士一个人住的时候就喜欢设计简洁的家具，沙发、茶几、餐桌、餐椅都是一件一件经心挑选的。结婚之后住进了现在的这间连栋别墅，新家巧妙运用了一部分以前的家具，营造出了时尚现代的气息。

　　M女士在添置家具的时候就在考虑，如何让新家具和旧家具很好的结合在一起。终于，她在宜家找到了心目中的家具，现在起居室里的电视柜、沙发旁的茶几、以及卧室和书房里的大部分家具都是来自宜家。

　　此外，M女士还巧妙地运用布料织物和工艺品为每间屋子设计出了许多变化，起居室绿色、卧室深蓝色、书房粉色……这样一来，颜色变化使得每个房间都拥有了各自的特色，精心的布置也让整套房子的室内设计变得丰富起来。

窗帘选择了普通的设计，既配合了华丽醒目的床罩，同时也能烘托出"阔拉斯系列"的桌子上"奥思迪系列"台灯的优雅迷人。

沙发旁边的"克鲁伯系列"套桌由三张独立的小桌组成，不用的时候可以叠起来摆放，是节省空间的好帮手。

"卡托系列"的三滑道帘杆上挂上"阿鲁 桑尼拉系列"的隔断帘，再配上一盏"卡帕系列"的吊灯，窗边布局的特点就突显出来了。

斑点图案的"威尔美 布劳姆系列"个性靠垫和"利特瓦系列"的毛毯，为单调的白色椅子增添了色彩。

为配合餐桌的棕色桌板，下面的地毯选择了棕色的"多拉格尔系列"。

橄榄绿的装饰花盆里种着观赏植物，陪着M女士最爱的猫咪工艺品一起"站"在电视柜上。

餐厅与厨房

宜家的这组储物罐设计非常简洁，可以放意大利面，也可以装封带夹，摆在窗边既收纳了物品又装饰了空间。

充当餐厅和厨房之间隔断的是一个开放式储物架。架子上放着"斯德哥尔摩系列"的碗具设计精巧，摆起来非常好看，平时用作暂时盛放水果和没吃完的点心。

宜家神户店开张时发行的这款限量版达拉木马是朋友送的，可爱的木马从头到脚都绘有美丽的图案。

搬进这套房子之后，E女士新买了电视柜。钟意的直线形设计与原来的家具相得益彰。

纯白色的厨房操作台前摆着暖色系的"席格系列"彩色地毯，厨房内的抹布、隔热手套、灯具也全部来自宜家哦！

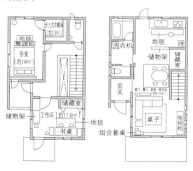

家庭成员／丈夫（31岁）、妻子（31岁）
房屋类型／租赁式连栋别墅
房屋面积／95m²

床下和床尾的位置放着"曼德尔系列"的整理柜。墙上贴"斯拉霍系列"的装饰壁纸描绘出各种图案。

常用的靠垫和毛毯同样购自宜家。卧室还按照欧美的风格在床尾放置了整理柜，用来收纳床上用品。

"卡丝莎 斯坦系列"床上用品的图案充满了手绘的朴素感，深灰色的床罩简约而典雅。"曼德尔系列"的床头配有可移动的床头柜，可以自由地按照喜好布置。

床尾铺的毯子选择了与整理柜抽屉一致的黑色，使空间更显沉稳大气。

卧室

这款心爱的旧电视样子非常可爱，所以即使坏了也可以当作工艺品一样摆出来。电视下的桦木桌来自宜家的"IKEA PS 卡尔约翰系列"。

工作间内选用了与客厅电视柜同系列的"弗雷尔系列"收纳柜，左边的开放式储物柜是以前家里的物品，二者配合得天衣无缝。

"波帕亚系列" 装饰花盆的颜色与书房一致，鲜艳的粉色非常活泼。人工植物旁摆着喜欢的小猫工艺品。

把朋友送的小猫装饰画装进"丽巴系列"的相框里展示出来，旁边摆着两只胖胖的香水瓶。

书房是他们夫妻共用的空间，因此选用了深灰色的"帕特里克系列"座椅，与鲜嫩的粉色相互平衡，显得不那么女性化。

工作室

可爱的小物件和个性的装饰品穿插出现在白色家具之间，为整个空间带来了几抹鲜艳的粉色。地毯来自"雷娜特系列"，简单的书桌和座椅来自"维卡系列"。

墙上装饰着"IKEA PS 佩尔系列"的兔子壁挂，手工刺绣赋予了白色墙壁一种温馨而个性的感觉。

起居室的布置简约而精致，其中最突出的点缀就是这盆同样来自宜家的观赏植物。陶制的花盆和钢制的底座很适合整个空间的自然气息。

实例3

通过色彩和质地，让空间充满自然气息

自然风格　　　　　　　　　　　　　千叶县·Y女士

　　刚入住新居不久的Y女士一家都十分偏爱自然风格的家具和室内设计。

　　Y女士通过随处可见的宜家小家具和小物件，使家中充满了柔和的自然气息。整个室内设计的关键就在于色彩和材质的选择，白色与棕色的结合营造出一种安定平和的气氛，木材的天然质感使得整个空间协调而舒适。同时，Y女士还通过DIY和各种改造，灵活运用了宜家的产品。比如，根据窗户的大小改制窗帘，把买来的架子重新刷上自己喜欢的颜色等等。"宜家的产品不仅价格合理、设计简洁，改制起来也非常方便。"

　　有了孩子之后，Y女士还添置了一些色彩鲜艳的物品和一些具有北欧风格的装饰物。她对我们说，每次去宜家都会从儿童展厅里获得好多灵感，所以以后打算在孩子的房间和其他地方多多使用宜家的产品。

餐桌摆在窗边，吃饭时可以轻松地眺望窗外的景色。宜家的红色凳子方便做菜和做家务的时候随时坐下来休息。

餐桌上摆上"卡拉斯系列"的彩色儿童餐具，自然的气氛中也能显出一份情趣。

与木制的储物架完美搭配的这套抽屉组合来自宜家的"海尔默系列"，颜色选用了干净的白色，抽屉里放着文具以及其他小物品。

起居室与餐厅

家里客人多的时候，"泰耶系列"的折叠椅就派上了用场。折叠椅选用柔和的棕色，平时折起来放很节省空间。

餐桌后面专门打制的储物架上整齐地摆着宜家的各种收纳盒，架子最上面陈列着各种精美的工艺品。

工作室

"德卡系列"窗帘轨道线的末端配有挂钩，上面用来挂帽子，这样既能装点房间，使用还很方便。

为配合房间的白色基调，小物件和文件分别放在"多库门系列"的白色网状杂志盒内，垃圾筒也同样选择了简约的"多库门系列"。

老公的书房以白色为主，书桌是用Y女士以前桌子的桌板配上从宜家选购的桌腿组合而成的。

儿童房

孩子的房间里跳跃着明快的色彩，加上"拉西格系列"的摇椅和儿童画架的布置，到处充满了童趣。

玄关

门口铺着"克威塞尔系列"的门垫，椰壳纤维质地使地毯不易起球，清理起来非常方便。门前的洒水器也购自宜家。

日式房间

日式榻榻米的房间中大胆放弃了隔扇，而采用了宜家"林德蒙系列"的西式遮光板，使得这个日本风格的空间也能与其他房间的西式布局协调起来，不会显得突兀。

"舒法特系列"的整理箱也在买来后稍作了改变，在表面涂上一层油性着色剂，瞬间就多了份艺术感。

窗帘轨道同样来自宜家，与房间内的其他宜家产品形成格调上的完美统一。窗帘为达到采光好的效果，选择了白色的亚麻质地。

家庭成员／丈夫（30多岁）、妻子（30多岁）、女儿（5岁）、儿子（1岁）
房屋类型／独门独户的小别墅式住宅
房屋面积／109.74m²

即刻改善您的睡眠

简单易行的卧室设计

您的卧室足够舒服吗？下面将为您详尽介绍正确的寝具选择法以及舒适卧房的成功实例。

如何才能布置出舒适的卧室？首先我们要选择一张尺寸合适的床，床的大小由卧室的大小决定，床宽应是在人躺上去之后旁边留出约30cm的余量。接下来要决定是否需要床架、床板等配件，最后选择床垫。床垫决定整张床的舒适度，不同的材质和柔软度会为您带来截然不同的睡眠体验，因此一定要到店铺里亲自试躺一下哦！挑选好床垫之后，再选择合适的枕头、被子等其他床上用品就行啦。

精心装修的卧室里一定不能缺少一张足够舒服的床，所以一定要用心挑选您的寝具，让它们带您进入幸福舒适的睡眠吧！

- ☑ 对审核无误之处打勾
- ☐ 决定床的尺寸与风格
- ☐ 挑选床架与床垫
- ☐ 选择舒服的枕头和被子
- ☐ 协调卧室的整体感觉

挑选顺序

在宜家的店铺里，您能看到任何一款您需要的床上用品。请按照以下顺序进行挑选。

① 首先选择床架

您可以按照卧室的风格选择自己喜欢的床架设计，并根据自己的睡姿选择一个舒服的尺寸。床是每天都要用到的家具，所以一定要找到属于自己的那一款哦！

② 大床需要"床中挺"

双人床以及双人以上的大床因为面积比较大，需要在床架中央固定好床中挺，使得床垫放上去更加稳固。

※购买床架时，不要忘了查看床中挺是否已经安装好，否则便是附在袋中需要您自己安装的哦！

③ 承重主力是床板

床板负责分散承受床上的压力，床板越多越厚，承重效果就越好。宜家还为您提供能够调节床头和床尾高度的床板以供选择。

④ 床垫选择最关键

首先确定自己习惯趴着睡、侧身睡还是平躺睡？然后寻找一款能够让您舒舒服服入睡的床垫吧！多款床垫具有不同的柔软度和透气性，一定要来店里亲自试躺一下哦！

⑤ 枕头、被子要选对

一定要选择一款高度适合自己的枕头，被子也要用自己盖起来舒服的厚度和材质，这样才能睡个好觉嘛。最后再挑一款钟意的床罩就行啦！

枕头和被子在一楼有卖哦

宜家店铺的2层大都是室内设计的展厅，1层才是出售各种商品的卖场。欢迎您到2层挑选床架、床板、床垫，在1层选择枕头和被子！

被子按照不同的厚度和保暖程度分类供您选购，被子不仅可以只盖一条，两条叠起来盖也很舒服哦！

枕头区的各种枕头按照不同的睡姿进行分类，适合同一种睡姿的枕头又按照高低的不同再次细分，一定可以让您在其中选择出自己心仪的材质和形状。

尺码表

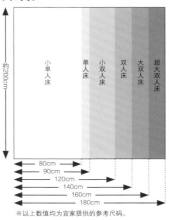

约200cm

小单人床　单人床　小双人床　双人床　大双人床　超大双人床

80cm
90cm
120cm
140cm
160cm
180cm

※以上数值均为宜家提供的参考尺码。

床架　根据室内设计、房间大小、用途安排来选择一款属于您的床架吧！

床与长椅坐卧两用

这款床架不仅可以放上床垫和被褥用来睡觉，平时当作长椅也很实用。床架底部还设计有3个大抽屉，为房间增加收纳空间。"汉尼斯系列"的坐卧两用床，211cm×87cm×86cm。

好想用帷幔布置起来

四柱床架采用纯实木制造，质优耐用。顶部还能够悬挂布料或织品，来自制出一组床幔。"爱德兰系列"的四柱床架，10cm×148cm×210cm。

两端高度可调节

在床头和床尾均设计有一定高度的板子是为了防止床垫移位，两个板子的高度都是可以调解的。"安根系列"的床架，207cm×100cm×121cm（床头板），高69cm（床尾板）。

床板内含储物箱，空间利用更有效

这款床架的方便之处在于床下的两个储物箱，这样可以省去收纳家具的空间，最适合摆在小一点的卧室里。"沃德系列"的带储物箱的床架，207cm×98cm×45cm。

立体空间的灵活运用

床下的空间能摆下一张书桌或一个储物架，是不是很节省空间呢？"斯托鲁奥系列"的阁楼式床架，213cm×153cm×214cm。
※床垫的厚度最大为20cm。

床下的空间也能用起来

简单的四脚床下可以放收纳盒哦！"安根系列"的床架，205cm×165cm×40cm。
※配有床中挺。

床板　支撑您睡眠的床板，5种任您选择。

提高柔软度，更好助睡眠

42条桦木胶合板排列而成的床板，中间的8根和床头的7根都具有弹性，可以根据您的习惯调整高低。"舒坦 拉巴克系列"的床板，200cm×90cm。

更柔软、更结实

17条桦木胶合板连在一起组成的柔和曲线形床面，柔韧性和受力效果都完美极了。"舒坦 罗瑞系列"的床板，200cm×90cm×4cm。

坚韧的床板给您最稳固的支撑

这款纯桦木床板拥有实木特有的厚度，为您的睡眠提供最安稳的支撑。"舒坦 拉德系列"的床板，197cm×90cm×90cm。

床头与床尾均可调节

使用20条桦木排列而成，其中6条可调整角度。"舒坦 拉巴克系列"的床板，20cm×90cm×9cm。

床头板的角度可自由调节

这款床板由17条桦木胶合板排列而成。想靠在床头读书的时候，可调节角度的床头板就派上用场啦。"舒坦 罗纳威系列"的床板，198cm×90cm×9cm。

床垫　床垫决定睡眠质量，以下4类中总有一款属于您！

木板弹簧床垫

这款床垫下部包含着一层薄薄的床板，上面通常配有双层弹簧床垫，无需增加任何边框，直接装上床腿便可轻松入眠。

"舒坦系列"的床脚
左　每只高20cm，每套4只
右　每只高20cm，每套4只

弹簧床垫

特殊的圆簧结构在均衡受力的同时，保证了良好的透气性。一个个独立的圆簧牢牢地串在一起（上图所示），帮助您保持正确睡姿。如果选择同心圆拉丝型弹簧垫（下图所示），将为您带来更好的透气效果。

泡沫床垫

这款床垫综合运用了两种材料，为您带来安稳的睡眠。高回弹聚氨酯泡沫帮助分散肢体的压力，同时能够很好地吸收翻身时产生的震动，让您的睡眠环境更加安心。形状记忆聚氨酯泡沫具有极高的恢复性，稳定的形状支撑您任何姿势的睡眠。

乳胶床垫

柔软的乳胶能够完美顺应人体曲线，分散承托人体重量，保证您的良好睡姿。特有的多孔型设计使床垫具有理想的透气性，同时为您提供温暖舒适的睡眠环境。

欢迎进入宜家主页，寻找属于您的那款床垫！

选择小贴士 一定要躺上去试试哦！

如果您怕冷	如果您怕热	如果您比较喜欢软床	如果您比较喜欢硬床

18cm厚的乳胶床垫拥有理想的透气性，同时保证了舒适的床上温度。它能够完美承托您的腰部、肩部和肘部，温柔地怀抱您的整个身体。"舒坦 英格尼系列"的乳胶床垫，200cm×90cm×18cm。

透气性极高的材质不会积存热量，让您在睡觉时感到清凉舒爽。同时，高回弹聚氨酯泡沫保证您每天都拥有安定舒适的睡眠体验。"舒坦 弗洛克尼系列"的泡沫床垫，200cm×90cm×22cm。

这款床垫能够温柔地承托您的全身，松软的弹簧结构让您一躺下去就能舒舒服服地"陷"进床里！"舒坦 赫兰多系列"的弹簧垫，200cm×90cm×17cm。

连续缠绕的弹簧设计能够合理地分散受力，厚厚的床垫为您的身体带来稳固的支撑。"舒坦 胡洛系列"的弹簧垫，200cm×90cm×17cm。

舒适睡眠小技巧

如何打理床垫

定期用吸尘器除去床垫内的灰尘和虱螨。如果床垫沾染上了污渍，只需要用少量中性清洁剂或家具专用清洗剂轻轻擦去就可以了。每隔几个月将床垫上下翻转或头尾对调一次，这样就能避免床垫局部负荷过大，可以防止床垫变形哦！

床垫＋床褥

在床垫上铺上床褥，既能保持床垫的干净卫生，还能延长床垫的使用寿命。宜家为您提供厚度在2cm～7cm之间的床褥，各种材质的不同触感中一定有您喜欢的一款，快来选择属于自己的床褥吧！"舒坦 肖梅系列"的床褥，200cm×90cm×8cm。

枕头

睡姿不同，适合的枕头高度也有差别。颈椎到脊柱的曲线弧度是选择的关键。

关于枕头的材质

完美顺应颈椎曲线，舒适又健康。

柔软蓬松的质感，温柔"包裹"您的头颈。

① 俯卧睡姿

习惯趴着睡的人，头部不能抬得太高。柔软低矮的枕头不会给头部造成负担，还能缓解肌肉紧张，对习惯俯卧的您是再适合不过了！

② 仰卧睡姿

最理想的睡姿就是像站立时一样平躺在床上。仰卧最适合高矮适中的枕头，令头部与颈部都得到适当支撑。

③ 侧卧睡姿

侧身睡觉的时候，枕头应使脊柱与头颈形成一条直线，因此如果习惯侧卧的睡姿，就要选择稍高一点的枕头。

聚氨酯泡沫

触感柔软，品质优良，特别能够迎合人体颈部的曲线。此外还有记忆型泡沫材料，形状更稳定，弹性更理想。

天然植物纤维

来自天然木浆的自然材质，表面的材质中加入了内胆绵，不仅触感柔软，而且具有良好的透气性，干爽舒适。

合成纤维

人工的材料比较耐用、好打理。清洗起来非常方便，干得也快。触感上，枕头里面填充的聚酯超细纤维同样拥有鸭绒一般的柔和质感。

羽与绒

"绒"是指鸭子腹部的绒毛，"羽"是指腹部以外其他地方的羽毛。羽绒枕既具有"羽毛"对湿度极强的适应能力，同时又拥有"绒毛"轻盈柔软的优点。

关于枕套的使用

枕套能防止灰尘和污渍进入到枕头里，保持枕头的干净卫生。
"斯盖达 莱特系列"的枕套，60cm×50cm。

被子

各种厚度有不同保暖性，在宜家找到属于您的那条被子吧！

保暖等级 1~2

轻薄舒适，无热量积存

如果您经常被夏夜的酷暑热醒，或房间够温暖，喜欢盖得少一点，那么就选这款薄薄的被子伴您轻松入眠吧！

"麦萨 斯加系列"的薄被，保暖度1级，200cm×150cm，合成纤维。

保暖等级 3~4

不薄不厚，不湿不潮

如果希望您的被子不仅有一定的厚度，而且盖起来又能清爽舒适，那么就要选这款啦！它的保温能力适中，盖在身上既能有"盖被子"的踏实感，又不会感到太厚重。

"麦萨 利昂系列"的被子，厚度适中，保暖度3级，200cm×150cm，合成纤维。

保暖等级 5~6

终极保温的厚被子

如果您比较怕冷或您的卧室温度比较低，也或者您喜欢裹着被子温暖地入睡，这款厚实且超有安全感的被子就是您的首选啦！

"麦萨 斯加系列"的温暖厚被，保暖度5级，200cm×150cm，合成纤维。

被子两件套

既可以单盖也叠盖，自由使用的两件套

一条保暖度1级的薄被子和一条保暖度3级的厚被子，这套组合被方便您在任何季节使用。炎热的夏日里只盖一条薄被子，清爽凉快；寒冷的冬日里将两条叠起来盖，温暖踏实。

"麦萨 斯加系列"的被子两件套，保暖度3级，200cm×150cm，合成纤维。

材质

被子的内胆究竟是怎样的材料呢？一起来了解一下吧！

合成纤维

被子内部因为循环顺畅，所以保温效果非常好。洗过之后也不会变形，易干燥，适合敏感肤质。

羽与绒

采用鸭子腹部的"绒"与其他部分"羽"，能够灵活应对不同湿度的环境。松软的羽绒之间夹杂着一些空气，使得整条被子非常轻盈。

天然植物纤维

这种纤维具有良好的透气性，触感丰盈干爽。此外，天然植物纤维与合成纤维混合填充时，能使被子便于清洗，打理起来更方便。

"霍本系列"的床架以深棕色构成了
卧室的主色调，床下"戴林系列"的
床用储藏箱里收纳着非本季的衣服和
各种杂物。

宜家的织物经过手工改制，成为了卧室的窗帘。为了不让卧室的这种安宁氛围过于昏暗，织物特别挑选了透光性较好的花纹。

"爱德兰系列"的床头柜里放着蜡烛等小物品。柜子上摆着朋友送的油画，鲜艳的色彩与家具的深色调形成反差，效果非常好。

"莫尼格系列"的枝形吊灯拥有黑色的全钢质材料和简洁大方的设计，稳重而典雅，是热爱枝形吊灯的前田太太的最爱。

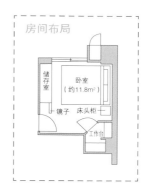

房间布局

储存室

卧室
（约11.8m²）

镜子　床头柜

工作台

实例1　运用深棕色家具，呈现稳重典雅的气氛

大阪府·前田英治先生与前田纯子太太

前田夫妇以前喜欢亚洲传统风格的室内布局，宜家使他们现在成为了北欧风格的忠实爱好者。他们的卧室通过巧妙的收纳与和谐的色调，散发着一种整齐而典雅的气氛。

夫妻俩特别用深棕色的整体基调将卧室与其他房间区别开（其他房间都没有用这个颜色）。他们说，这样的卧室特别让人安心，"感觉一走进卧室，身体就像自动启动了睡眠模式一样，困意立刻就来了"。床下有相当大的收纳空间，杂物都放在床下的收纳盒和整理箱里，使得整洁的空间更能体现出一件件家具的巧妙设计和一个个小物件的独特匠心。

现在，夫妻俩正在考虑装饰卧室的墙壁。他们说，宜家的相框和工艺品为他们提供了许多灵感。

宜家的这款台灯通过灯罩的设计使光线更加柔和，旁边经过保鲜加工处理过的花束是朋友送的生日礼物。

大小与颜色都恰到好处的"汉尼斯系列"整理柜，其超大容量给人一种有条不紊的感觉，色系上与其他家具的颜色保持一致，显得整洁、协调。

卧室用绿色的"帕帕威 瓦格系列"床单装点起来，再加上家具上的树木纹理，自然的效果双重提升。

电脑桌上面的架子上同样装饰着各种小物件，有青井女士心爱的烛台，也有外出旅行时拍摄的美景照片……

陈列旅游纪念品的角落里，每一个小工艺品上都含有绿色的元素。背面用宜家的镜子当作壁砖，使空间显得非常宽敞。

房间布局

（桌子／整理柜／衣架／地毯／整理箱／卧室（约8.9m²）／储藏室）

实例2 摆上心爱的物品，营造绿色又自然的空间

神奈川县·青井润子女士

青井女士被宜家简单时尚的设计以及布料织物的丰富种类所吸引，卧室布局以自然材质的家具为中心，各种布料织物上的花纹有机地结合在一起，营造出轻快明朗的氛围。床罩和窗帘上清淡的绿色，为整个空间带来了一丝柔和安宁的气息。

家具统一采用木质材料，抽屉里整齐地收纳着各种挤占空间的衣服和杂物。另外，青井女士非常喜欢用小物件装饰房间，最爱画家亨利·马蒂斯的作品以及出国旅游时买回的小纪念品……五颜六色的小物品摆在开放式储物架上，既作收纳又为卧室空间增添了鲜艳的色彩。这样，一个有"隐"有"现"的卧室就布置完成啦！

"比撒系列"的挂衣杆可以随手把衣服挂起来，非常方便。"卡丝莎系列"的整理箱在收纳物品的同时，鲜艳的色彩也成为了卧室里的一大亮点。

床和窗户之间的多余空间也能用来收纳杂物，整理箱上随意摆放着的靠垫，显得既自然又美观。

整理柜的柜顶陈列着最爱的画家亨利·马蒂斯的作品、出国旅游时买的小纪念品等等。最中间的工艺品还是在美国的跳蚤市场上买来的呢！

红白基调配上沉稳的黑色，使整个空间显得幽静雅致。简约的"林加姆系列"地毯不管摆在哪都很好看。

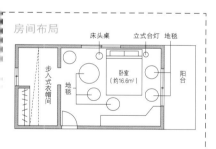

房间布局

步入式衣帽间　地毯　床头桌　立式台灯　地毯　卧室（约16.6㎡）　阳台

床单采用了与帷幔相同的布料，与"阿丽娜系列"的鲜艳红色床罩配合得恰到好处。

床头的小桌上装点着"廷加系列"的蜡烛，白色的蕾丝桌布更加突显了房间内的鲜红色基调。

"鲁西 布劳姆系列"的靠垫上有彩色的花朵图案，为纯黑底色的卧室增添了一份典雅。

实例3 以红色为基调的卧室为您带来愉快心情

群马县·横尾孝女士

横尾女士会在每个季节为自己的卧室更换一套不同的布料装饰。寒冷的冬天，卧室里却充满了温暖的颜色。她说："我不喜欢太暗的颜色，而喜欢像红色这样明亮一点的。看到红色，就会自然而然地心情愉快呢。"

卧室中最显眼的就是这张红色的床了。鲜艳的床罩厚实而柔软，且材质优良。地毯分别选择了白色和红色，这样白色作为卧室里的第二主题色，把红色衬托得更加突出。步入式衣帽间的门口挂着薄薄的帷幔，使得空间层次分明。窗帘上五彩斑斓的图案更是成为了卧室内一抹华丽的点缀。读书时倚靠的小沙发和床上的靠垫则选用了沉静素雅的深色，使得卧室内的整体气氛更加内敛。

步入式衣帽间门口挂着的"雷娜特 弗劳拉系
列"窗帘当作了帷幔，使空间层次分明。

帷幔选用了暖色碎花图案，
与卧室里红白相间的基调优
美地区分开。略显古典气息
的窗帘轨道正是宜家的"贝
斯卡达系列"。

卧室里充满了雅致的配色。窗户上挂着"林德蒙系列"的黑色木质百叶窗，休闲假日的气氛更加浓郁。

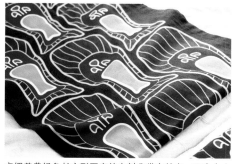

点缀着黄绿色长方形图案的布料非常有特点，百合女士从宜家买来两条拼起来当作床尾垫，个性又美观。

为了营造一种安稳宁静的氛围，卧室里没有用直接光源，灯光全部选用了间接照明的方式。"严斯塔系列"的台灯非常适合床上阅读。

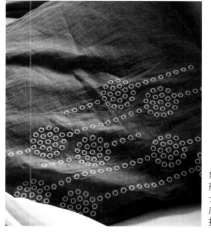

靠垫罩来自"洛天丽莎系列"。百合女士说，她在参考了酒店用布料的图案后选择了这一款。

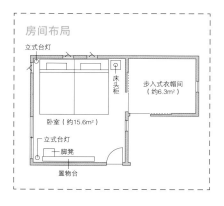

房间布局

立式台灯
床头柜
步入式衣帽间
（约6.3m²）
卧室（约15.6m²）
立式台灯
脚凳
置物台

实例4 度假酒店式的风格，打造别致的东方文化氛围

百合女士

　　百合女士经常旅行或出差，习惯了酒店的生活方式，所以想把卧室布置成巴厘岛酒店的样子。她在房间里运用黑色和深蓝色的布料织物配合深棕色的地板，营造出统一、和谐的美感。布料的图案都选择了宜家里比较具有东方色彩的样式，体现出巴厘岛一般的东南亚文化氛围。

　　卧室里的两张小双人床都铺上了宜家的纯白色床罩。为模仿酒店的床上布局，她在两张床的床尾分别铺上一条长方形桌布当作床尾垫。卧室的灯具主要运用间接照明，非常适宜休息。在其中再点缀一些有特色的布料织物和竹子工艺品，让待在自家的卧室里就像落脚在东南亚度假酒店的房间里一样了。

桌子上摆着百合女士最爱的"阿格纳立德系列"装饰画框，旁边陈列着宜家雅致风格的烛台。

宜家的织物面板上充满亚洲传统风格的图案，非常漂亮。 "格罗诺系列"的桌灯采用间接照明的方式，把旁边的织物画板映照得十分柔美。

这块区域以宜家的"面雅尔系列"镜子最为显眼，"马尔姆系列"的床头板摆在镜子下面当作桌子使用，上面装饰着一些布艺。

Light makes a room comfortable

用灯光打造舒适空间

虽然房间里摆上了喜欢的家具，可总觉得还少点什么，也许是少了点灯光吧？
那么就来挑选一些灯具，把自己的家布置得更舒适、漂亮吧！

圆润的曲线设计，瞬间突出时尚感

时尚的外形能让这盏灯立刻成为房间里的焦点。灯罩表面拼接着许多薄薄的塑料片，从塑料片组合的缝隙间透出些许光亮，使整个房间充满了迷离梦幻的气息。"菲斯塔系列"的吊灯，直径35cm，灯泡须另购。

避开高度的设计，最适用于狭小空间

灯罩采用磨砂玻璃制作，光滑的表面带有一种雾蒙蒙的效果，使灯光遍布房间的每个角落。如果您的房间天花板比较低，我们推荐您使用薄一点的吸顶灯，这样就能减少空间内的压迫感，让房间显得舒适宽敞。

源自纯手工制作，外形兼具时尚感

用藤条和竹条编制而成的吊灯，很适合日式榻榻米房间和亚洲传统风格空间的气质。光滑的灯罩依然保留着手工制作的痕迹，经过它投射出的柔和光线散发出一种高贵典雅的品味。"勒兰系列"的吊灯，直径29cm、高41cm，灯泡须另购。

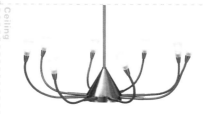

枝形吊灯风格的个性吸顶灯

您可以自由调整这盏灯每一根"枝条"的方向，为您的房间勾勒出各种各样的灯光效果，同时也能根据房间天花板的高低调整灯的整体高度，让您的室内布置更有特点。"霍尔比系列"的吊式吸顶灯罩，直径4cm、高50cm～120cm，附带灯泡。

简约的金属材质营造出清爽内敛的气质

自罩口下方投射出的灯光非常适合用于餐厅照明。铝质材料传递出一种酷酷的气质，让整个空间更有个性。"福托系列"的吊灯，直径25cm、高180cm，灯泡须另购。

让柔和的奶白色布满整个空间

圆圆的灯罩外观十分简洁，给人一种柔和亲切的感觉。相对中庸风格的设计适用于任何风格的空间。"麦勒迪系列"的吊灯，直径28cm、高135cm，灯罩高26cm，灯泡须另购。

照亮整个房间

整体照明

"整体照明"能让房间的每个角落都获得光亮，并通过均匀的光线分布，减轻光差给眼睛造成的负担。在此，宜家向您推荐两种整体照明的灯具：一种是固定在天花板上的吸顶灯；一种是悬挂式的吊灯。不过有一点需要注意的是，整体照明容易让整个空间一览无遗，缺少层次感。因此，在整体照明的基础上运用"间接照明"来营造气氛，或是采用"功能性照明"把光集在特定的地方，这样将不同类型的灯具组合使用，就能营造出明暗适度、均衡协调的室内空间了。

宜家推荐
· 吸顶灯　　　　· 吊灯

简洁内敛的外形，既复古又现代

简单的直线形外观，没有多余的装饰却能给人留下深刻印象。也是百搭的一款灯具哦！"库尔拉系列"的吸顶灯，直径40cm、高32cm，灯泡须另购。

变换一下灯的方向，享受光线的变化吧

灯头和灯杆的角度都支持自由调节，您可以根据不同的场合大胆地尝试变换室内照明的风格，快来试试吧！"泰第系列"的吊顶聚光灯，5处聚光，每只灯罩直径6cm、总长133cm、高22cm，附带卤素灯泡。

Floor

应用性超强的设计，巧妙的"一灯两用"

上下两盏灯共用一个支架，上面的用作落地灯，下面的可以用作读书灯。两盏灯的开关是分开的，所以可以根据需要分别使用。"约克尔系列"的落地灯、读书灯，落地灯灯罩直径35cm、高176cm，灯泡须另购。

Wall

设计简洁的壁灯，帮您有效利用空间

灯罩用手工纸制作，充满了日式风格。把灯固定在墙壁上可以节省地板的空间，非常实用。"沃格尔系列"的壁灯，23cm×7cm×24cm，附带固定用的螺丝，灯泡须另购。

Indirect

为房间营造气氛

间接照明

把光打在墙壁或天花板上的照明方式最适合营造室内空间的气氛。间接照明就是不把光直接射出，而是经过反射使光线柔和地抵达房间内某个想提亮的位置。光线有了明暗的差别，房间的气氛也就出来了。间接照明最适合为房间营造轻松愉快的氛围，您可以选择用落地灯照亮房间的角落，也可以在储物架或餐桌上摆上温馨的小台灯，还可以在墙上装上壁灯作为柔和的点缀哦！

宜家推荐
·落地灯 　·台灯 　·壁灯

Floor

在空间里描绘曲线，营造出亲切柔和的气氛

圆弧轮廓很适合点缀充满现代感的空间。把灯放在地板上，柔和的光线能很自然地引起人的注意。"琼尼斯系列"的落地灯、台灯，直径36cm、高32cm，灯泡须另购。

Floor

简单的设计也能成为空间的亮点

钢质灯罩使光线向下散出，读书的时候非常方便。这款灯还配有柔光镜和亮度调节功能，能够达到您想要的柔光效果。"IKEA 365+ 布里萨系列"的落地灯，直径58cm、高152cm，灯泡须另购。

Floor

手工纸的独特韵味，为空间增添一丝温馨

房间的角落被这淡淡的灯光映照得如梦似幻。竖版的外观设计同样会是房间里的一大特色，而且亮度可自由调节。"鲁特伯系列"的落地灯，30cm×24.5cm×114cm，灯泡须另购。

Table

女性化的设计风格，突显高贵气质

灯座用玻璃做成壶状，既有成熟的美感，又透着少女般的可爱。布质灯罩使透出来的光线非常柔和。这盏台灯可以让整个空间的优雅气质大大提升。"乔伯 艾比系列"的台灯，灯罩直径22cm、高32cm。

Table

用"小个子"台灯照亮某一点空间

小台灯散发着柔和的光，可以装点出宁静舒适的气氛。它个子小，不占地方，随便摆在桌子或房间的角落都可以。"格罗诺系列"的台灯，10cm×10cm×22cm，灯泡须另购。

Floor

占用最少的空间，为角落增添光亮

纤细的灯杆可以轻松放在家具之间的空隙里。灯杆上有两处可以调整光照的角度，灯罩的方向也能自由变换。"安迪福系列"的落地灯、读书灯，灯罩直径10cm、灯高150cm，附带卤素灯泡。

功能性照明

有些时候，我们不需要整个房间都亮起灯光。比如坐在床头读书或是站在厨房的料理台旁做些简单的料理时，只要自己眼前明亮就可以了；墙壁或是陈列架上，一点光源反而更能够突出工艺品的特色，发挥"功能性照明"的神奇作用了。功能性照明包括料理台前的工作灯、从上向下投射光源的格栅射灯、把光集中在一点的聚光灯等等。有些灯的灯杆和灯头可以调整角度，有些带夹子的灯能够方便自由地固定在任何地方。下面，就从这些各具特色的灯具中，选出适合您的功能型照明吧！

宜家推荐
・工作灯　　・格栅射灯

为色彩丰富的个性空间再添一个特别之处

灯杆能够自由弯曲，方便调整光照方向。夹子式灯座方便您将其夹在书桌、架子或任何您喜欢的地方。"简索系列"的夹式射灯，高40cm、长（含夹子）35mm，附带LED灯泡。
※电源不可拆卸。

布料缝隙中透出的微弱光，赋予了空间无尚高贵气质

灯罩是一层薄薄的布料。接通电源，布料中能透出淡淡的光，散发着一种高贵的气质。灯具典雅的颜色能为整个空间增添一种雅致的气氛。"耐福斯系列"的工作灯，灯罩直径14cm、灯高83cm，附带卤素灯泡和反射灯泡。

让美味料理的制作，变得更有效率吧

这款是厨房工作台专用的照明灯，为了避免灯泡上吸附油渍，特别在每只灯泡下都配上了强化玻璃作为保护。"诺恩系列"的吧台照明，56cm×7cm×3cm，附带卤素灯泡，固定螺丝须另购。

轻松点亮书桌、陈列架等需要光照的地方

一只小小的夹子就能让将其添加在任何需要的地方。灯头的方向可以自由调整。"法斯系列"的夹式聚光灯，直径10cm、高14cm，灯泡须另购。

厚重的金属材质设计，适合随性的空间

这款工作灯方便您读书或伏案工作时使用，金属材质非常适合男性化的室内设计。灯头和灯杆的角度可调节，让您的工作变得更舒服、更方便。"巴罗米特系列"的工作灯，灯罩直径14.5cm、灯座直径18cm、灯高48cm，灯泡须另购。

投射自天花板的光线，能给人留下深刻印象

精致的聚光灯非常适合用于室内艺术设计。把几个小聚光灯排列在一起，就能让一个不起眼的小角落立刻变得引人注目哦！"格兰代系列"的聚光灯，附带卤素灯泡，固定螺丝须另购。

巧用功能性照明，突出柜子上的工艺品

这款射灯能有效地把光集中在一点，最适合照亮房间里陈列的装饰物。普通的房间里只要放上这盏灯，它的钢质灯罩设计就能为整个空间增添一份标新立异的个性。"福马特系列"的橱柜灯，附带卤素灯泡。

把灯夹在书桌旁，让空间更宽敞

把灯座夹在书桌旁，既节省空间，又不用担心书桌上东西太多把台灯碰倒。转动灯头和灯杆，可以把光线调整到舒服的位置。"特尔提阿尔系列"的工作灯，灯头直径17cm，灯泡须另购。

柔和的光线照亮角落，手工制灯罩更引人关注

吹制玻璃灯罩使得光线更加柔和。这款灯既可以固定在墙上，也能用附带的夹子夹在桌子上，非常方便。"巴西斯克系列"的壁灯、夹式射灯，灯罩直径12cm、长20cm，灯泡须另购。

灯罩材料的种类

灯罩的材料大体分为6种，而且各种材料具有不同的透光性、遮光性，因此能带给人各不相同的感觉。在选择灯具前，要先弄明白：我喜欢怎样的质感？我的房间需要多少光亮？这样才能找出与家中的室内设计完美匹配的灯具。

Plastic 塑料

塑料与玻璃都具有良好的透光性，透出的光都会很柔和，但相比之下塑料比玻璃更轻、更安全、更便宜。如果家中有小朋友的话，宜家建议您采用塑料材质的灯具。

Paper 纸

纸质灯罩能让微弱的光线柔和地散向周围的空间。手工纸质灯罩非常适合日式榻榻米房间的设计风格，在很多地方都非常受欢迎。

Glass 玻璃

玻璃具有闪亮的质感和安定的厚实感，能够使室内设计更耐人寻味。不过因为玻璃本身比较重，而且易碎，所以使用的时候一定要小心。

Cloth 布料

光线透过浅色的布料灯罩能够均匀地到达周围的每个角落。如果采用深色布料或麂皮等遮光性较好的布料，那么光就会从灯罩下方照射出来，形成与射灯类似的效果。

Latan & Bamboo 藤条与竹子

藤条和竹子都能赋予灯具一种亚洲传统风格的自然质感。灯罩的编织方法不同，透光性也会有所区别。传统风格或现代气息的房间里，都很适合摆放藤条或竹子编织灯罩的灯具。

Metal 金属

钢材、铝材等金属材质给人一种酷酷的很有个性的感觉。金属材质的灯罩具有很强的遮光性，光线会在灯罩内经过多重反射最终集中投射在灯罩下方。

各种灯泡的差别在哪里

宜家的灯具主要使用3种灯泡。灯口规格一栏如果标着"E17"或"E26"，就可以用白炽灯泡和斯巴桑灯泡；如果标着"GU"或"GY"，就要使用卤素灯泡。

白炽灯泡

普通的白炽灯泡会发出一种微微泛红的温暖光线，它的光能让空间显得更加立体，同时还弥漫着一种安定平和的气息。白炽灯泡的使用寿命大约是1000小时，支持调光器控制亮度。在宜家灯具的各种灯口中，可以用白炽灯泡的有6种。"格罗达系列"的灯泡，灯口规格是E26，反射灯是R62。

卤素灯泡

与白炽灯泡相比，卤素灯泡发出的光线更白、更亮。使用卤素灯泡的话，房间内很少会出现光影，非常符合工作间等的室内环境。卤素灯泡的使用寿命大约是2000小时，宜家的灯口中有8种适用。"哈罗根系列"的灯泡，灯口规格是GU4、MR11。

斯巴桑灯泡

与白炽灯泡相比，斯巴桑灯泡更节能，使用寿命也延长到了6000~10000小时。接通电源后，灯泡会逐渐变亮，但是不支持调光器控制发光强度。宜家有7种灯口可以使用斯巴桑灯泡。"斯巴桑系列"的节能灯泡，灯口规格是E17，每组2个。

用灯泡、灯罩、灯座的自由组合来制作出您的原创灯具吧

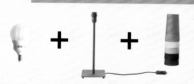

在宜家，一盏灯的各个组成部分都是分别出售的。您可以为灯罩挑选一款自己喜欢的材质和颜色，再搭配上灯泡和灯座，这样，属于您自己的一盏灯就组合完成啦！让我们一起充分运用宜家的灯具，一步步接近梦想中的房间吧！

小专栏

巧用蜡烛，在昏暗中营造梦幻空间

全体照明和间接照明相比，北欧人会比较偏爱后者。他们常用的室内光源除了普通的灯光外，还有一种很重要的方式——点蜡烛。摇摇曳曳的烛光不仅能照亮房间，还能让整个空间弥漫着一种浪漫的气息。

灯罩不同，光线也不同，一起来了解一下吧

玻璃、塑料、浅色布料等材料的透光性都比较好，从这些材质的灯罩中透出的光线相对分散，因此能够照亮周围较大面积的空间。而金属等遮光性较强的材料容易让光集中照射在某一点，因此用来制作射灯或工作灯会产生很好的光照效果。

右 "麦勒迪系列"的吊灯，直径28cm、高135cm、灯罩高26cm，灯泡须另购。
左 "福托系列"的吊灯，直径28cm、高180cm，灯泡须另购。

现在摆在我们眼前的就是礼品盒里包装精美的小礼物啦！这件礼物的设计重点在于，盒子里摆放的蜡烛和包装带制作的蝴蝶结，与礼品盒的颜色搭配得恰到好处。

巧用"格利思系列"
附盖储物盒
蜡烛小礼品

敦子女士制作的这件礼品是在"格利思系列"的储物盒上摆放各种可爱的小蜡烛，并在五颜六色的蜡烛下垫上蕾丝纸片。打开盒子，青春无限的少女情怀扑面而来！

材料

· "格利思系列"的附盖储物盒（黄色、粉色、白色）……………1套（3个）
· 直径约20cm的蕾丝纸片 ………6张
· 蜡烛（3～4种） ……………适量
※本次使用的蜡烛分别是："费诺门系列"的浪漫浮水蜡烛、"廷加系列"的香味蜡烛、"格丽雅系列"的白色茶蜡、"瓦格特系列"的红色块状蜡烛。
· 自己剪的小卡片……………3张
· 长80cm的丝带（白色、水蓝色、粉色等）……………6根

制作方法

1. 打开"格利思系列"的储物盒的盖子，在盒底铺上蕾丝纸片，让纸片稍稍高过盒口，这样整体看上去比较协调。
2. 放入蜡烛，并在喜欢的地方加入小卡片。
3. 把蕾丝纸片高出盒口的部分轻轻折进盒子里，盖上盖子，再取一张蕾丝纸片铺在盒盖上，用两种颜色的丝带合起来打成蝴蝶结，这样就制作完成啦！

用宜家的饰品制作精致小礼品
小物品，巧包装

敦子女士为我们推荐了许多巧妙的包装方法，运用宜家小收纳盒、小点心等漂亮可爱的小东西就能组合出让人心动的礼物哦，一起来试试吧！

伊能势敦子

美食家、专栏作家，主要从事美食类专栏写作与书籍出版，同时参与某公司的菜谱研发，担任料理试作师、节目和出版物制作人、造型师、摄影师等多项职务，也参与一些广告的摄影。出版的书籍有《MARY ROSE 敦子女士的秘制点心与自家美食》（主妇与生活出版社）、《敦子女士的美味生日餐——甜点与正餐》（新星出版公司）等。

巧用"博克尔系列"
玻璃杯制作
巧克力小礼品

这款礼品的创意非常简单,在玻璃杯中放入瑞典巧克力零食,再放进密封袋中就完成了。各种饰品组合出丰富的颜色,非常适合派对的氛围。

材料

- "博克尔系列"的玻璃杯…………………… 4只
- "凯克斯 巧克力"的巧克力威化饼 ……适量
- "代姆 迷你"的牛奶巧克力(含馅糖)…适量
- "苏达系列"的系列吸管………………根
- "艾斯塔系列"的2.5L密封袋(24cm×26.5cm)
  ……………………………………………… 4个
- 封口胶纸……………………………………适量
- "卓玛尔系列"的糖果托盘……………… 1个
- "瓦西系列"的纸餐垫……………………… 1张

制作方法

1. 在"博克尔系列"的玻璃杯中适当放入几块"代姆 迷你系列"的巧克力威化饼和"凯克斯巧克力"牛奶巧克力,再插进"苏达"吸管。
2. 拿出"艾斯塔系列"的2.5L密封袋,把密封袋从封口处卷成卷,卷好之后用封口胶纸固定好。一般贴在上、中、下三处,使形状能固定下来。
3. 在"卓玛尔系列"的托盘下面垫上漂亮的"瓦西系列"的纸餐垫,再把第1步和第2步中装饰好的杯子和卷好的袋子分别摆在托盘上。
4. 派对散场的时候,把卷好的袋子打开,里面放进装饰好的杯子,一个送给客人的手工小礼物就如此简单地完成了!

巧用"杜克迪系列"的玻璃杯制作
手指玩偶小礼品

一个个表情丰富的手指玩偶站在五颜六色的"杜克迪系列"玻璃杯里，每只玩偶的"肚子"里都装着不同口味的糖果。这样的小礼物非常适合送给小朋友，到底哪只玩偶里放着小朋友喜欢的糖果呢？

材料

· "杜克迪系列"的玻璃杯⋯⋯⋯ 1套（8个）
· "卓玛尔系列"的烘焙纸⋯⋯⋯⋯⋯⋯⋯8张
· "代姆 迷您系列"牛奶巧克力（含馅糖）8块
· "迪塔 方客系列"、"迪塔 迪尤尔系列"的手指布偶⋯⋯⋯⋯⋯⋯⋯⋯⋯⋯⋯⋯8只

· 20cm×10cm的塑料包装袋⋯⋯⋯⋯⋯⋯ 8个
· 长30cm的缎带（任意颜色）⋯⋯⋯⋯⋯ 8条

制作方法

1. 在手指玩偶的"肚子"里塞进"代姆 迷你系列"的巧克力糖果。
2. 在每个"杜克迪系列"的玻璃杯中铺上一张"卓玛尔系列"的烘焙纸，再把第1步中完成的布偶放进杯子里，如果杯子里还有空间，就再放些糖果填满。
3. 把第2步做好的杯子放进塑料包装袋中，袋口用小缎带扎上蝴蝶结。

巧用"卓玛尔系列"
的蛋糕烤盘制作
面巾小礼品

在制作磅饼的蛋糕烤盘里放进精心包装的面巾，再配上"鲁西系列"的装饰垫。简单的伴手礼能为房间带来一种柔和温馨的气氛。

材料

- "克力马系列"的面巾⋯⋯⋯⋯⋯6条
- 长70cm的缎带（任意颜色）⋯⋯⋯3条
- "卓玛尔系列"的蛋糕烤盘⋯⋯⋯⋯1个
- 80cm×50cm的透明玻璃纸⋯⋯⋯⋯1张
- "鲁西系列"的装饰垫⋯⋯ 1套（5个）
- 长140cm的饰带⋯⋯⋯⋯⋯⋯⋯⋯2条

制作方法

1. 根据烤盘的盛放空间，把两三条"克力马系列"的面巾一条一条叠成适当的大小，用缎带打成十字结，收尾处打成蝴蝶结。
2. 把第1步中装饰好的面巾逐个排列在"卓玛尔系列"的烤盘里，用精美的透明玻璃纸把烤盘包裹起来，盘底的位置用透明胶带固定住。
3. 第2步的包装完成后，在礼物表面均匀地摆上"鲁西系列"的装饰垫，最后用细细的饰带绑成十字结，又一件小礼品制作完成啦！

一条饰带显得有些简单，我们可以在两个十字结的中心分别打出蝴蝶结，包装立刻就有了新意哦！左边是礼品拆开后的照片，是不是既温馨又充满惊喜呢？

ZAKKA WRAPPING

使用漂亮的布料制作
靠垫小礼品

把靠垫用布料或毯子包裹起来，系上漂亮的蝴蝶结，简单而别致。朋友收到礼物的时候一定会细细品味布料上的精致花纹，拆开来后又有靠垫的图案可以欣赏哦！

材料

· 靠垫·······················3个
※ 本次使用的靠垫分别是"艾克托系列"的腰垫、"奥夫利亚 布拉德系列"的白色靠垫、"艾尔文 洛乌系列"的灰色、绿色靠垫。
· 用来包裹靠垫的大块布料 ·········2块
· "费利西亚系列"的休闲毯 ·······1条
· 丝带 适量（系在袋口用的带子少，打十字结用的会较多）
· 长80cm的毛线 ······················2根

制作方法

1. 使用布料前，先要检查一下边边角角有没有线头，不然会容易开线。如果有线头的话，需要用剪线头的机器或有锯齿的剪刀剪掉。
2. 把靠垫放在处理干净的布料或"费利西亚系列"的休闲毯中央，仔细包裹起来。
3. 包裹的两端用毛线扎好，系上蝴蝶结，或者把整个包裹用丝带打上十字结包装起来。

同时使用3条不同颜色的细丝带，包装的华
丽感立刻突显出来。

打开包装就能用的靠垫，送给朋
友会很实用哦！

宜家问与答

我们收到了一些读者提的问题，在这里，小编来为大家解答一下。

问 宜家能帮我们设计房间吗？

答 宜家随时为全体顾客免费提供室内设计的咨询服务！另外，我们还开设了相关的收费咨询服务，为您的室内设计提供专业的合理化建议。而且，您还可以借助宜家主页上的免费设计软件，模拟出自己的室内设计方案哦！

问 宜家的产品可以网购吗？

答 宜家还没有开设官方的网购服务，所有产品只在实体店里出售。中国现在在北京、上海、广州、深圳、成都、南京、沈阳、大连、天津、无锡都有店面。欢迎到实体店体验IKEA独特的家居理念，挑选心仪的商品！

问 "IKEA" 这个名字的来历？

答 1943年，英格瓦·坎普拉德 (Ingvar Kamprad) 创建了宜家 (Ikea) 公司。宜家 (IKEA) 这个名字就是创始人名字的首写字母 (I、k) 和他所在的农场 (Elmtaryd) 以及农场所在的村庄 (Agunnaryd) 的第一个字母组合而成的。关于IKEA这个名字的读音，英美有人读作[a'ki:],也有人读作[i'ki:a]，在日本和瑞典本土，人们把它称为[i'ke.a]。

The idea of space,more enjoyable

宜家的北欧美食

这里为您呈现一种地道的北欧家常美食，
用达拉木马模具混合越橘果酱和天然香料制作出的美味蛋糕！

<材料>（达拉木马模具，大小各一只）

• 蛋糕

鸡蛋··	3个
细砂糖··	1½杯
A 低筋粉 ·····································	2杯
蛋糕发粉·····································	2小匙
生姜粉·······································	2小匙
或磨好的生姜汁······························	1/2小匙
肉桂粉·······································	2小匙
丁香粉·······································	2小匙
砂仁粉·······································	2小匙
黄油（含盐）·································	100g
牛奶···	200ml
越橘果酱·····································	1/2杯

• 越橘奶油慕斯

奶油···	200ml
越橘果酱·····································	1/4杯

• 蛋糕糖霜

砂糖粉·······································	5大匙
水···	适量

<制作方法>

• 烤箱温度设定为170℃。
• 耐热碗中放入黄油，在微波炉（500W）中加热1分
  半左右，再将融化的黄油放凉。
• 在模具中涂上适量黄油，取适量面包粉或低筋粉撒
  满黄油表面，再把模具扣过来倒出多余的粉末。
• 把A中的配料和细砂糖分别涂撒在模具里。

[蛋糕制作开始]

①在碗里打上鸡蛋，加入细砂糖，用打蛋器（或起泡
  机）打出泡泡至乳白色黏稠状。
②把A中的配料分次加入步骤①中，用调拌刀搅拌均匀。
③在步骤②的成果中加入牛奶和融化过的黄油，再加
  入越橘果酱轻轻搅拌均匀。
④把步骤③的成品倒入一大一小两个模具中，先将大
  模具放入170℃的烤箱烤40分钟取出，然后放入小
  模具的烤20分钟。
⑤烤好之后用竹签扎一扎，感觉全部都熟了即可。
⑥把烤好的蛋糕从模具中取出，冷却。
＊烤制的时间和火候会因烤箱的不同而略有差别。

[制作糖霜]

①蛋糕冷却之后，在砂糖粉中加入少许清水，搅拌至
  能够从裱花袋里顺利挤出的程度。
②将步骤①中做好的糖霜倒入裱花袋中，扎紧袋口，
  再用剪刀把裱花袋尖尖的一端剪掉约2mm，像一支
  笔一样，然后就能在烤好的蛋糕画上图案了。

[制作越橘奶油慕斯]

①用起泡器将奶油打至柔软的糊状。
②加入越橘果酱，搅拌至能够从裱花袋里顺利挤出的
  程度，然后根据自己的喜好加到蛋糕上。

Dalarna Horse

每个瑞典家庭一定有一只能带来好运的达拉木马

木雕装饰品"达拉木马",拥有美丽丰富的图案和浑圆柔和的轮廓。在它的发祥地——瑞典的达拉纳省有这样一个传统:孩子出生的时候,父亲会为孩子亲手制作一个小马的木雕,祝愿孩子"像小马一样健康地成长"。最初,达拉木马只有红色一种颜色。渐渐地,它的色彩越来越多,描绘的图案也越来越丰富,而且尺寸上也出现了大小不一的设计。现在,达拉木马不仅用于表达对家人的祝福,也可以当作节日庆典上的礼物送给好友。

让越来越多的人开始迷恋越橘的味道

娇小的红色果实拥有淡淡的酸味,这种植物在日本叫作"Kokemomo"(越橘)。在瑞典,越橘与蓝莓一样受到人们的喜爱,许多人会去山上采摘野生的越橘,回家熬制成酸酸甜甜的越橘酱,再配上酸奶或面包,可以说是瑞典家庭里必不可少的一道美味!

Lingonberry

使菜肴和点心更加美味的香草与天然香料

像丁香、肉桂等天然香料是瑞典美食中的常客。在瑞典,生姜常被做成粉末使用,而且一般不会加在饭菜里。瑞典人喜欢在蛋糕和曲奇中加入生姜粉,细细品味它的丝丝辣味。把生姜榨成汁,也可以代替生姜粉哦!

Herb and Spices

宜家推荐

右边这套达拉木马模具可以帮您把任何口味的蛋糕都制作得生动可爱。超级人气商品——特富龙喷涂加工的"卓玛尔系列"的二合一蛋糕烤模,容量分别是700ml和75ml。左边是酸甜口味的越橘果酱,每瓶450g。

派对上一定要试试哦!

浜小路·安娜

安娜女士凭着自己在日本多年生活的经验,经常帮助其他外国人。而且她还经常到丈夫经营的鲜花杂货店"Blomster Anna"里帮忙,每天忙得不亦乐乎。姜汁蛋糕对她来说充满了回忆,总令她想起儿时与奶奶一起做蛋糕的时光。所以就算现在定居了日本,安娜女士还不忘每年亲手为家人制作美味的姜汁蛋糕。

TITLE： ［ＩＫＥＡ ＢＯＯＫ vol.2　家族と友だちと過ごす楽しい冬時間］
　　　　 BY：［株式会社エフジー武蔵］
Copyright © FG MUSASHI Co., Ltd., 2010
Original Japanese language edition published by FG MUSASHI Co., Ltd.
All rights reserved. No part of this book may be reproduced in any form without the written permission of the publisher.
Chinese translation rights arranged with FG MUSASHI Co., Ltd., Tokyo through Nippon Shuppan Hanbai Inc.

图书在版编目（CIP）数据

温馨怡人的多彩空间 / 日本武藏出版编著；昌昊译. -- 南昌：江西科学技术出版社, 2012.8
（IKEA BOOK宜家创意生活；2）
ISBN 978-7-5390-4580-1

Ⅰ.①温… Ⅱ.①日… ②昌… Ⅲ.①住宅 – 室内装饰设计 – 图集 Ⅳ.①TU241-64
中国版本图书馆CIP数据核字(2012)第175983号
选题序号：KX2012077
图书代码：D12036-101

策划制作：北京书锦缘咨询有限公司（www.booklink.com.cn）
总 策 划：陈　庆
策　 划：李　伟
版式设计：季传亮

出版发行　江西科学技术出版社
地　　址　江西省南昌市蓼洲街2号附1号
　　　　　邮编：330009　电话：（0791）86623491　86639342（传真）
责任编辑　黄成波
责任校对　钱伟捷
印　　刷　北京瑞禾彩色印刷有限公司
经　　销　全国新华书店
开　　本　787mm×1092mm　1/16
印　　张　8
字　　数　80千字
版　　次　2012年10月第1版　　2012年10月第1次印刷
书　　号　ISBN 978-7-5390-4580-1
定　　价　42.00元

赣版权登字-03-2012-71
版权所有，侵权必究
（赣科版图书凡属印装错误，可向承印厂调换）